大展好書 好書大展

大展好書 好書大展

艾波拉病毒大震撼

玉川重德／著
劉小惠／譯

78
健康天地

前言

你能說明細菌和病毒的不同特徵嗎？

除了一部分的細菌外，有些細菌只要藉著自來水或垃圾等有機物就會繁殖。也就是說，細菌只要藉著自己所需要的營養，單純的一點點材料就可繁殖。

但是病毒沒有這種力量。唯有感染活的細胞時，才能證明它的存在。可以觀察到病毒的活動，因此它是一個完全的寄生體。每個病毒能感染的細胞有限。為了理解生命的原形病毒，以下敘述臨床病毒學的歷史。

動物身上會罹患白血病、肉瘤、乳癌等慢性病毒感染症，但是不知何故，一九五五年代之前，這些病毒並未在人體上發現。尤其是，幾乎所有的動物都會發現很多白血病的病毒，但人類身上卻沒有這種病毒。因此，很多人認為是因為人類的免疫發達，與免疫有關的白血球不會受到感染。

「只要有細胞，一定會有感染細胞的病毒存在」，這句病毒學的格言，與人類的白血病病毒說似乎不相符合。

但是就在這時，在非洲內地所發現的艾波拉病毒似乎證明了病毒學格言的正確性。

一九五八年時，英國外科醫師D·巴基特，向英國的外科學雜誌提出報告，認為在剛果河流域的兒童，大多罹患的特異惡性淋巴瘤是由病毒所造成的，經由醫學調查出結論而提出報告。

一九六四年時，M·A·艾普休塔因與Y·M·巴爾，利用顯微鏡確認癌細胞內的病毒粒子，並向英國醫學雜誌發表。這個病毒被命名為「EB病毒」。這也是會感染人類淋巴球的病毒，淋巴球受感染時，毫無例外地就會有這種病毒存在。此外，病毒也有致癌性，這的確是重要的發現。

一九六九年，日沼賴夫博士成功地從癌細胞中找出病毒，成功地證明了感染人類白血球的病毒，就是會使人體產生癌症的病毒。

後來，日沼博士在一九七三年，明白傳染性單核症的患者對於這種病毒能產生抗體，並且也了解此種病毒已擴散於全世界。

但是，事情並非到此為止。當時淋巴球的分類學進步，已逐漸了解T淋巴球與B淋巴球之存在。T淋巴球就是大都出現在胸腺（Thymus）的淋巴球，B淋巴球則是在肛門附近的法布里丘斯囊發現的淋巴球，各自取其臟器的開頭文字，而命名為T淋巴球（或T細胞）、B淋巴球（或B細胞）。人體並沒有法布里丘斯囊，但是在骨髓卻有類似法布里丘斯囊的B細胞的淋巴球存在，因此稱為B細胞。這種巴基特淋巴瘤就是B細胞。

病毒學的格言確信會感染T細胞的病毒存在，於是全世界的病毒學家開始深入探討會感染T細胞的病毒。其中，T細胞性白

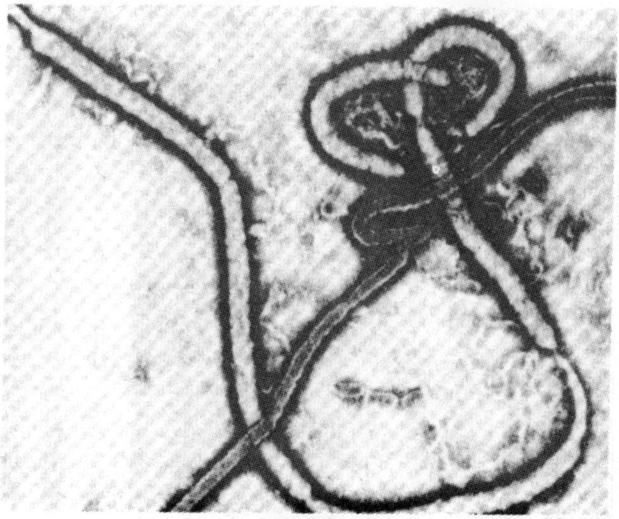

艾波拉病毒
造成世界性震撼的病毒還有很多未知的部分

血病也是研究對象。

最初的病毒，是由日沼賴夫博士所發現的成人T細胞性白血病病毒，而在一年後，被蒙塔尼耶博士發現，後來佳洛等人也發現了AIDS基礎感染症、HIV感染症的原因病毒。這些感染T細胞的病毒，都是感染T細胞中稱為T4細胞淋巴球的病毒。目前並未發現會感染T8淋巴球的病毒。但是根據病毒學的格言顯示，一定有會感染T8的病毒存在。

此外，淋巴球的同類中還有NK細胞。這些與淋巴球有關的病毒還有很多未被發現。

根據格言「只要有細胞，一定會有感染細胞的病毒存在」，同時棲息著無數動物的地上有無數的病毒，我對於不論以接觸與開發之名而踏入自然內地的人類，提出危險的忠告。

像這次艾波拉病毒之流行，其隱藏意義就是「自然的警告」，我們實在不可掉以輕心。

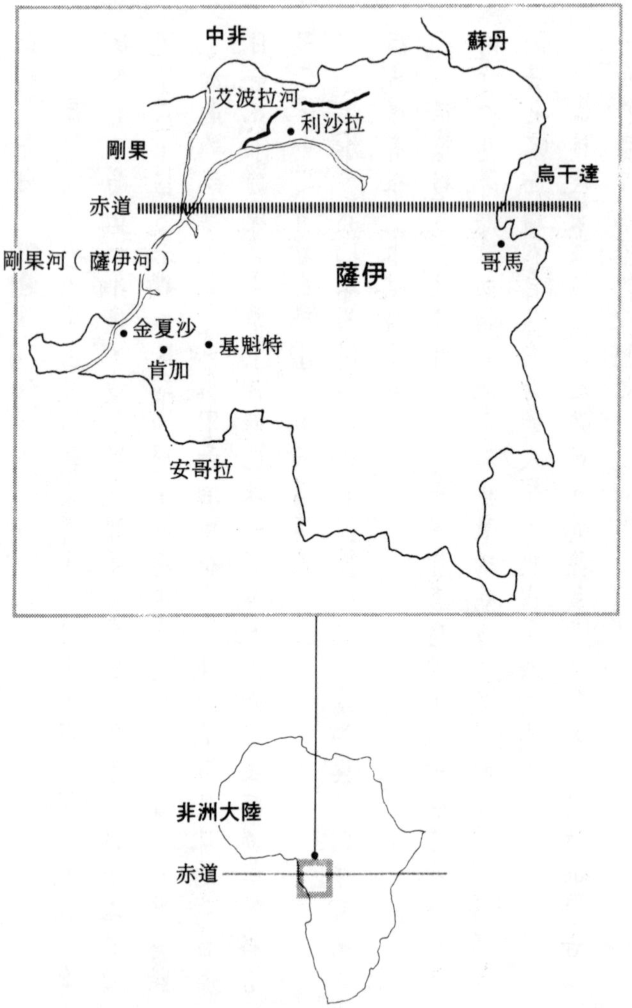
中非
蘇丹
艾波拉河
利沙拉
剛果
烏干達
赤道
剛果河（薩伊河）
哥馬
薩伊
金夏沙
基魁特
肯加
安哥拉
非洲大陸
赤道

目錄

第二章　艾波拉病毒是何種病毒

第三章　世界性感染症的時代

第四章　對付病毒最前線的現場

第五章　病毒與現代文明

後記

第一章

艾波拉病毒的發生

恐慌的開始

在非洲中部薩伊首都金夏沙東方六百公里，薩伊中部有四十萬人口的基魁特市就是病毒疫區。

一九九五年三月末，基魁特市的某綜合醫院，住進一位名叫基姆夫姆的三十六歲男性，他是因發高燒、腹痛以及激烈的下痢症狀而住院的。他是這家綜合醫院的血液檢查工作人員之一。

基姆夫姆住院時，眼睛發紅充血，出現劇烈的腹痛和下痢症狀，是非常危險的狀態。負責治療的醫療群，因為他的症狀不是普通疾病，而且體力已到達極限，知道他可能隨時會死亡。

正如醫師們所想的，不久後他的病情急速惡化，最後引起粘膜出血，住院四日後，於三月二十七日死亡。

這正是一九九五年時，隔了十九年之後，由於艾波拉出血熱大流行，而開始陷入恐慌中。

可怕的醫院

基姆夫姆死亡的這一天，醫院發生了可怕的事情。負責治療及看護他的醫護人員中，有人發燒、頭痛，有六人出現了與基姆夫姆同樣的症狀。最後包括一位義大利修女在內，有二人死亡。

以此為起點，醫院的成員中陸續出現發病者，醫院陷入恐懼的深淵。住院的人數逐漸增加，到了四月中旬，醫院的成員及患者的家屬，以及照顧患者的修女等，患病者多達六十三人。

這個情報立刻送到ＷＨＯ，全世界都知道了可怕的熱病流行的傳聞。

艾波拉病毒的確認

世界各地傳染病調查研究中心ＣＤＣ（美國疾病管理中心，本部在亞特蘭大）與ＷＨＯ（國際衛生組織，本部在日內瓦），由當地的情報，開始考慮在基魁特流行的傳染病是不是艾波拉出血熱。

兩個機構互助合作，趕緊派遣調查團前往當地調查，同時法國的巴斯德研究所和ＣＤＣ與ＷＨＯ的判斷相同，也派遣專家前往基魁特。

薩伊政府利用軍隊，對於基魁特進行封鎖隔離。

但是，當時發病者不斷出現，超出相關人員的想像之外，事態非常嚴重。不久後，ＷＨＯ發表估計在基魁特因艾波拉出血熱而死亡的人，已超過一百人。

五月十日，ＷＨＯ由ＣＤＣ研究員從基魁特送來的患者血液中，確認分離出艾波拉病毒，進而正式斷定在基魁特的流行病就是艾波拉出血熱。

艾波拉出血熱自一九七六年以來，已經闊別十九年了，是歷史性的大流行病。在薩伊再次確認後，這個令人震撼的消息，隨著大眾傳播媒體廣為人知，成為全球注目的焦點。

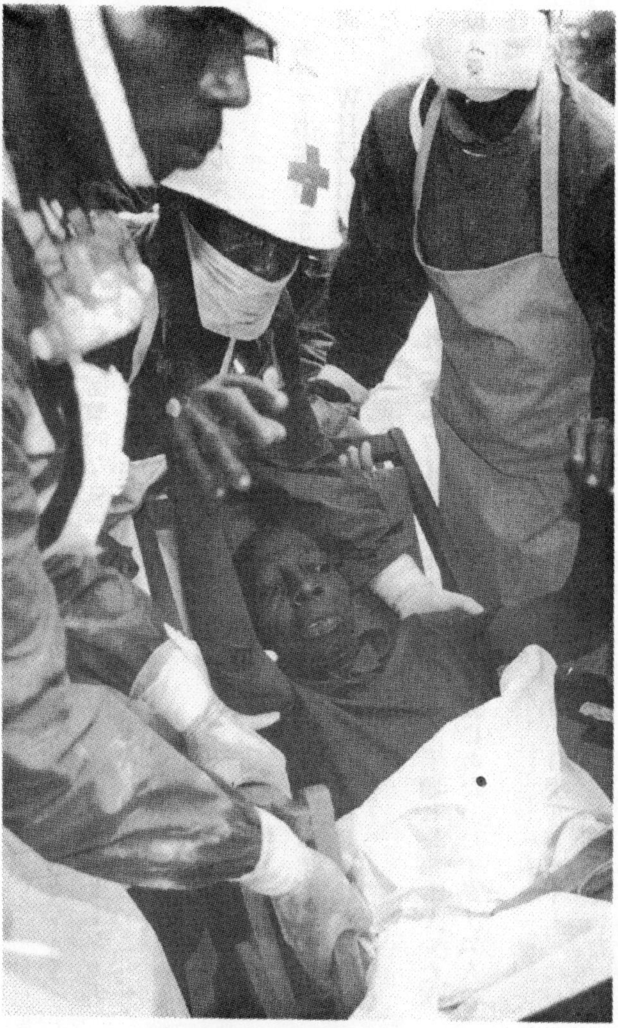

求助的艾波拉病毒感染者，但是他的叫喚有人聽到嗎……

被艾波拉病毒襲擊的街道

因艾波拉出血熱而於三月二十七日死亡的第一位患者開始，到五月十二日大約二週內，經由WHO的確認，在薩伊的死者為二十七人，感染者爲二十二人。

最大的問題是死亡者或病毒感染者大多是從事看護工作的醫療人員。死者中，有二名是負責看護工作的義大利修女。

其他的報導則指出，根據日內瓦的WHO的判斷，五月十二日，在薩伊的艾波拉出血熱死者為四十八人，正接受治療中的罹患者有二十七人。日本朝日新聞也發表死者為四十八人，其中四十二人是在基魁特感染發症，其他六人則是在距離二五〇公里遠的城鎮感染發症的。

另一方面，薩伊政府認為艾波拉病毒的感染者與死亡者四十八人中，有三分之二都是負責治療患者及處理死者遺體的相關醫護人員，認為可能是因為直接接觸患者血液而感染，因此提出警告，擔心以醫院為主可能會使感染擴大。於是隔離基魁特城，關閉學校，並指示死者家屬不可打開死者的棺木。

美國國務院於五月十二日發表報告，在基魁特馬山哥等六處城鎮中，因艾波拉出血熱而死亡的人中，也有外國籍的醫療援助人員。

最初的感染者是誰？

先前已敍述過薩伊流行艾波拉出血熱的情形，是從基魁特綜合醫院開始的。最初的犧牲者，是在這個醫院負責檢查工作的人員基姆夫姆。

為什麼基姆夫姆會感染艾波拉病毒呢？答案就在於醫院的檢查方法。

醫療現場的檢查，檢查時所需要患者之血液的檢體計量採取，以目前日本的情況而言，是以刻度吸管來進行。但是基魁特綜合醫院則是利用吸管套上橡皮管，以口吸引其前端計量採取血液。如此一來，當然引起事故。日本自三十年前起已停止採用這種舊式的方法。

基姆夫姆感染艾波拉病毒的原因可能就在於此。薩伊的醫療工作人員，工作的環境不夠完善，因此無法應付這種感染症。

但是，用口吸引的方法雖說是感染的原因，也表示所檢查的患者血液中帶有艾波拉病毒，那麼這個血液到底是誰的呢?這位患者到底是因為什麼東西而來接受檢查的呢?這個問題一直沒有解決。

政局不安的起因

這一次艾波拉病毒的流行始於基姆夫姆的死亡。後來的感染者也在醫療關係者之外不斷地擴大。這次艾波拉出血熱流行的背景擴大，證明了薩伊惡劣的醫療情況。以下簡單探討薩伊的政治情勢。

薩伊現在仍然持續著政治的混亂狀態。過去二十五年來，由莫布茲總統進行獨裁政治，導致薩伊國內人權受損、政治腐敗。因此，在一九九〇年以後，除了人道援助外，對於薩伊的國際援助全都停止。

此外，近年來由於其鄰國盧安達內戰而擁入大量難民，難民對策也成為國際性

在基魁特持續進行艾波拉出血熱調查的瑞典科學家。他的臉上佈滿緊張的神情

的問題。國際上經常報導的「難民營」就在薩伊的東端。

薩伊國內的醫療設備並不完善，而且長期財政困難，使得國內的醫療機構幾乎無法發揮機能。實際的醫療活動中心是外國義工團體，其中也出現了幾位受害者，先前已經敍述過了。

薩伊在這次的艾波拉出血熱發生之前，愛滋病毒的感染者增加也成為社會問題。

令人感到諷刺的是，藉由政治的混亂，對於這次感染者的擴大而言，以某種意義來看，具有抑制的力量。首先是停止國際的援助，使得現在薩伊的幹線道路柔腸寸斷，反而可防止艾波拉病毒的感染者移動。此外，薩伊政府幾乎是完全禁止外國的觀光客進入，因此能夠阻止世界性流行的擴大。

感染的擴大與情報的混亂

薩伊出現艾波拉出血熱症例的消息立刻傳遍世界各地。但是由於基魁特的隔離封鎖，來自薩伊的情報不足，想到當地搜集資訊也很困難。因此一直持續著必須由ＷＨＯ或薩伊政府發表狀況的形態。其中，有以下的報導。

基魁特的某醫院中，醫療人員留下重症患者二十人而放棄了所有的工作。ＷＨＯ似乎聽到這個情報，但後來又發表情報確認這不是事實，最後確認這是誤報。

由這個事實可以判斷，當時ＷＨＯ也無法掌握薩伊當地的病情，同時艾波拉出血熱的情報也非常混亂。

五月十三日，基魁特醫療當局，確認有新的艾波拉病毒感染者出現，此外，因赤痢而死亡的人為艾波拉出血熱患者的一倍。

五月十五日，日本國內的報紙和英國ＢＢＣ電台播放的消息指出，位於日內瓦的ＷＨＯ當局，在同一天之前發表統計結果，在薩伊的死者為五十七人，感染者爲七十六人。

後來薩伊政府的活動、ＷＨＯ、國際紅十字、醫療ＮＧＯ（非政府組織）等，組成了國際醫療隊的調查活動，確認了基魁特又出現新的死者和感染者。而且位於基魁特與金夏沙之間的肯加，也出現了一名死者及三名感染者。再繼續調查，有些無法得到情報地區的情況也逐漸明朗，因此，增加了很多死者與感染者。

這些新的艾波拉病毒的感染者及犧牲者，確定是在基魁特與金夏沙連結的幹線道路沿線出現的，因此薩伊政府發表報告，擔心會造成首都金夏沙的大流行。

但是，後來在奈洛比（肯亞）的WHO關係者，發表到十四日清晨之前，在薩伊的艾波拉出血熱流行的擴大已經阻止，能夠避免大規模的感染擴大。這與薩伊政府的見解完全相反。

對立的情報——WHO與薩伊政府

從這個時候開始，WHO與薩伊政府的見解一直持續不一致的狀態。

後來，WHO根據到五月十七日為止調查的結果，發表資料，到同一天為止，感染艾波拉病毒者為一〇一人，死亡者為感染者的七十六％，也就是七十七名。在同一天，薩伊政府所發表的數字則是患者為九十三人，其中死者八十六人，死亡率達九二・五％。除了這種正式發表的數字以外，在病毒潛伏期間內回家，而在家中死亡者存在的可能性也很大。

雖然只是假設，但是想要防止無用恐慌的WHO，以及希望得到財政支援的薩伊政府之間產生了很大的歧見。此外，情報的混亂甚至造成終止宣言的出現。

終止宣言

後來，由各報導機構所發表的WHO的醫學統計的演變如下：

五月二十一日，在薩伊的艾波拉出血熱的患者，以基魁特為主，為一三七人，死亡者為其中的一〇一人。同月二十五日，患者一六〇人，死者一二一人。同月三十日，調查一直追溯到本年一月的結果，艾波拉病毒的感染者為二〇五人，死亡者爲一五三人。同時WHO發表在薩伊的艾波拉出血熱的流行，不會感染到全境，努力抑制居民的動搖。

到了一九九五年六月一日，WHO發表發症者二一一人，死者一六四人，死亡率七八％。同時也發表終止宣言，說明這次在薩伊的艾波拉病毒感染擴大已完全終止。

艾波拉病毒再出現

但是，發表終止宣言後，患者持續增加。

六月十三日，日內瓦的WHO發表目前艾波拉出血熱的患者，自發生以來，發症為二八〇人，死者二二三人。同時說明發症者是過了潛伏期的感染者，並非新的感染者，同時認為今後不會有發症者出現。

艾波拉病毒的騷動，終於暫時告一段落，大家都鬆了一口氣。

國營薩伊通信在六月十九日發表聲明，這一週內出現了二十二名發症者，十七人死亡。也就是說，薩伊的艾波拉病毒感染者到同一天為止為二八九人，死者達二二六人。

此外，AFP通信傳達金夏沙大學姆安貝教授的敍述，認為「流行結束是一種錯誤的想法」。

WHO在七月三日、七月一日統計，最後感染者為三〇〇人，死者二三三人，還說這一週內新的感染者為一名。

關於艾波拉病毒的混亂，似乎已經開始出現長期化的狀態。

艾波拉病毒的歷史

在歷史上，艾波拉出血流行熱的記錄，是在一九七六年六月與馬伯格病（多發性硬化症）症狀非常酷似的出血熱，從蘇丹南部的奴札拉開始流行。當時在蘇丹有二八四人感染，一五一人死亡。

二個月後，在一九七六年八月，艾波拉出血熱擴大到鄰國薩伊，在薩伊的楊布克村等剛果河支流艾波拉河源流附近的五十五個部落大流行。當時和這次一樣，是在醫院出現感染者且不斷地擴大，重複使用未消毒的注射器成為感染的原因。共有三一八人發病，其中二八〇人犧牲了。

當時調查病原體的CDC（美國疾病管理中心），認為這個出血熱與馬伯格病的病原體病毒類似，不過卻是由新種病毒所引起的病毒感染症，這個病毒後來以其流行地區艾波拉河而命名為「艾波拉病毒」。

從一九七六年開始流行艾波拉出血熱，後來一直到一九七九年為止，斷斷續續地出現著，陸續發症的患者達五〇〇人，其中四三〇人死亡，出現很大的死傷。

但是後來不再流行，到這次的再次流行為止，間隔了十九年，但是在自然界的流行卻無法確認。

馬伯格病

在艾波拉病毒之前發生的馬伯格病，到底是何種疾病呢？

這種病症並非起於非洲，而是從歐洲所發生的。追溯到艾波拉病毒開始流行的九年之前，也就是一九六七年時，在舊西德的馬伯格市及舊南斯拉夫等研究室，取出由非洲烏干達進口的非洲綠猴腎臟，從事培養腎臟細胞工作的研究所職員之間發生了原因不明的出血熱。

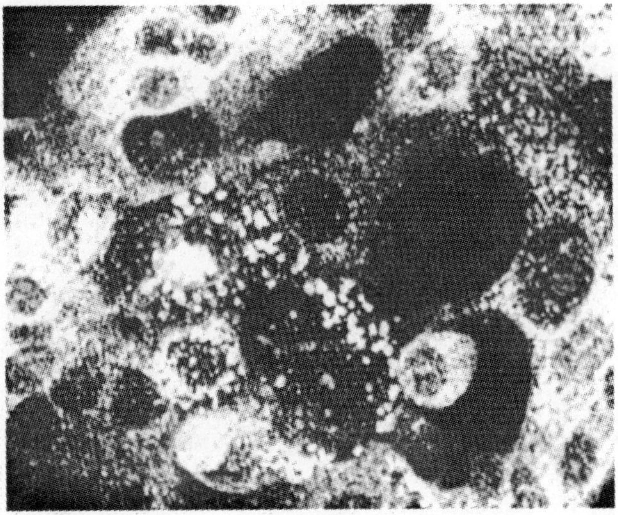

與艾波拉病毒同屬飛沫傳染病毒之一的馬伯格病毒

包括二次感染者六人在內，出現三十一名感染者，其中七人死亡。

檢查的結果，從這些疾病感染者的血液中分離出來的病毒，與以往病毒的型態和抗原性完全不同，這個新種病毒就以被發現的研究所所在地馬伯格市，加以命名為「馬伯格病毒」。

歷史上最早的馬伯格病的自然界最初流行記錄，是在一九七五年發生於南非共和國的約翰尼斯堡。患者從羅德西亞旅行歸國後發病，這個男性病患經過十二天的鬪病後死亡。繼他之後，和他一起旅行的同事以及為他治療的醫療成員陸續發症。

是從一九九四年開始的嗎？

這次在薩伊發生的艾波拉出血熱的流行的開端，目前依然成謎。

WHO認為這次的流行，可追溯至一九九四年十二月，一位疑似因艾波拉出血熱的症狀的燒煤工人，但是相反地，又有報導指出義大利天主教會的神父，認為與薩伊國境相接的蘇丹南部，在一九九四年中疑似艾波拉出血症狀而死亡的人，有二

○○人之多。

如果這個報導屬實，那麼這個流行與一九九五年的流行之間的關係如果能了解，或許可以成為到目前仍然不明的這種病毒病的帶菌者或傳播管道的解析材料。

使衆人意識到世界性感染症的愛滋病

一九七六年的流行與一九九五年的流行，包括報導在內，全球的關心度為什麼會產生這麼大的落差呢？在此暫時不敍述其理由。

這次艾波拉出血熱的流行引起極大關心的背景，就是因為對於愛滋病的世界性流行，以及對於後來的ＭＲＳＡ（二甲氧苯青黴素耐性葡萄球菌）等感染症，或病毒的關心度提高所致。

尤其像愛滋病這種經由性行為而感染的重大疾病，使得從一九六〇年開始得到衆人支持的自由性愛主張，逐漸改變為以往的性道德論。這件事情的變化背景中，仍然摻雜著對於自由性愛或同性戀論的感情因素存在。

但是異性間感染或輸血等醫療行為，也使得感染愛滋病的犧牲者出現了。因此愛滋病不僅限於某些人，可以說是與所有人都有關的疾病，而衆人也已意識到這一點了。

愛滋病的登場是病毒感染症，因此衆人也實際感受到，所有的感染症，幾乎在世界各地都有增加的傾向。甚至因拒絕感染者入境的國家出現，而形成外交上的問題。此外，由於經濟力的差距，對於病毒等防禦活動也造成很大的損害。愛滋病產生的最大衝擊就是，許多海外旅行者的性問題，以及移居者和血液製劑的問題。

衆人已遺忘的愛滋病報導的教訓

愛滋病掀起世界性的啟蒙運動，這個運動使得衆人對於感染症開始產生關心。但是，在各方面都以感情要素為第一考量，是無庸置疑的事實。

發生愛滋病問題時，接著又發現引起大衆媒體注意的二甲氧苯青黴素耐性葡萄菌（MRSA）所造成的院內感染問題，在英國引起大騷動的激症溶鏈菌感染症（

因艾波拉出血熱而死亡者的葬禮。
即使家人也不能搬運遺體，只能跟在後方。

食人菌），及一九九四年發生的印度黑死病流行等，都是駭人聽聞的消息。

此外，在國內B型肝炎的醫療設施中，尤其是人工透析設施所發生的複數患者的感染事故，以及大型醫院內數位醫師因為激症肝炎而死亡的感染事故都出現了。此外，神秘團體的微生物的開發疑惑等，使衆人對感染症的關心度升高了。人類對於感染症原本就敬而遠之。

因此，探討微生物的邏輯時，當傳染病發生時人類想些什麽？或採取何種行動？應該會有一些理性、建設的行為出現吧！

總之，在這樣的背景下，當艾波拉出血熱的流行出現時，當然會引起衆人的震撼。現代社會人士的姿態，則是對於感染症，尤其是病毒方面的理解不夠完善，而對於醫療設備處理愛滋病的狀況，也應加以批評檢討才是。

但是，目前社會的實態是缺乏批評醫療設備、體系的精神。愛滋病流行之前，一般人和大衆傳播媒體，對於醫療和感染症的關心度可說是在真空狀態下。因此，對於愛滋病會產生強烈情緒化的反應。

結果，這次艾波拉病毒的發生，也引起了同樣的表現。

對於艾波拉病毒的對應方法

受前述事實的影響，這次艾波拉病毒的流行也有一些過剩的報導出現。但是，艾波拉病毒的問題是嚴重的醫療問題、醫學問題，就某方面而言，也是一種社會問題！在地球各地間充滿密切關係的現代，衆人對於艾波拉病毒抱持關心度，即使是情緒化的反應也無妨，只要能提高對感染症的關心度，都是可喜的現象。

艾波拉出血熱和慢性病毒感染症愛滋病不同，從病毒感染到發症為止的時間非常短。也就是說，這個疾病會立刻發症，而感染者的移動困難，所以從人與人交流的觀點而言能夠防止感染，也可以說是能夠展示以往檢疫效果的疾病。

這次艾波拉出血熱的流行，ＣＤＣ特殊病原體部長Ｃ・Ｊ皮塔斯博士在五月十四日透過ＣＮＮ電視台，強力否定艾波拉病毒感染擴大的可能性。同時也提出警告，認為大衆傳播媒體帶有加熱氣息，認為艾波拉病毒的感染擴大是當地的問題，實際上就國際交流的觀點而言，也能採取滿意的對策。

例如，英法兩國政府下達通知，希望國人避免到薩伊地區旅行，同時法國政府對於來自金夏沙（薩伊）、布拉薩（剛果）、德亞拉（喀麥隆）等地的人或歸國者強化檢疫。

薩伊政府要求大衆傳播媒體到基魁特採訪的記者，要住進隔離中心二十八天。加拿大移民局在五月十七日將四天前離開薩伊的一位男性，拘留在皮爾森機場。也就是說，世界各地開始採取阻止國際性大流行的對策。

事實上，這次除了薩伊以外，在其他地區並未確認有艾波拉病毒感染者出現。這次的問題是，當地的發症者和死者大多是醫療關係者，而當地的醫療設備並不完善。由某種意義而言，醫療設備的充實與否，基於人類財富分配的問題，當然會有明確的社會性或國際性的差距。

現在人類所建立的技術或財富，出現過分集中財富的先進國，以及陷入貧窮中的開發中國家，造成社會、國際財富不均的現象。這種財富分配不均衡，造成醫療設備不完善，乃成為感染症直接、間接流行的要因。

第二章

艾波拉病毒是何種病毒？

艾波拉出血熱的症狀

臨床症狀經過

感染後經過三～二十天的潛伏期，然後開始出現發燒與劇烈的頭痛、咽頭痛、肌肉痛等症狀，漸漸產生噁心、嘔吐、下痢等症，也會出現眼睛發紅的症狀。

然後在身體範圍的血管內血液凝固，容易出血、吐血、血性下痢、粘膜出血等現象出現，很多的臟器壞死，出現喉頭炎、喉頭出血等症狀，同時也出現脫水、衰弱的現象。二～三天後，眼睛發直或無氣力等症狀也出現了，形成多種臟器機能不全而死亡。

薩伊型在感染後一～二十一天內死亡率為八～九成，大多在六～九天後會死亡。

這種血管內凝固以及伴隨多種臟器不全容易出血的現象，稱為播種性血管內凝固症候群（DIC，參照註）。

參考：一九七六年時，在薩伊集體發生時的症狀全部出現發燒、額頭痛的現象。
上腹部痛、咽頭痛、肌肉痛、胸部痛為八十％
吐血、體表面的出血　七十％
結膜異常充血及出血、其他、噁心、便血、倦怠感、徐脈
重症者器官會出血。（ＤＩＣ，參照註）

檢查成績

血小板減少症、白血球減少、ＧＯＴ、ＧＰＴ顯著增加。ＡＬＰ、膽紅素正常。

註：播種性血管內凝固症候群（ＤＩＣ）：

肺血症、菌血症或末期癌、血液的惡性腫瘤、燙傷等，組織引起劇烈破壞時經常出現的症狀。因為某種刺激，停止出血的血液凝固轉機活性化，使得身體內的末梢血管內的血液凝固，因此凝固所需的血小板或凝固因子等血液成分，在短期間內全部被消耗掉，使血液喪失凝固的性質，造成所有的臟器都容易出血。

艾波拉病毒的構造

這次震撼全世界的艾波拉病毒，到底是何種病毒呢？

一般而言，病毒的構造是由遺傳因子以及進入遺傳因子的物質所形成的。這個進入物與病毒的感染力有密切的關係，病毒由進入物的性質區分，可以大致分為二種：

其一是，例如造成小兒痲痺原因的脊髓灰質炎病毒，能夠進入遺傳因子的物質是一定種類的蛋白質分子，按照一定的順序和排列，藉著規律正確的排列形成三角形板，以一定的規則排列，構成正二十面體或正二十四面體的幾何學形狀。

另外一種像流行性感冒或痲痺、德國痲疹或HIV（人類免疫不全病毒）等，稱為「口袋」，是由與人類或細菌細胞的細胞膜同樣構造的膜，製造出來的多形袋狀病毒。生物的細胞膜是以磷脂質和膽固醇為主形成脂質的骨骼，稱為「單位膜」的構造中，溶入具有各種生物特徵的蛋白質構造。病毒的口袋構造也完全相同。病

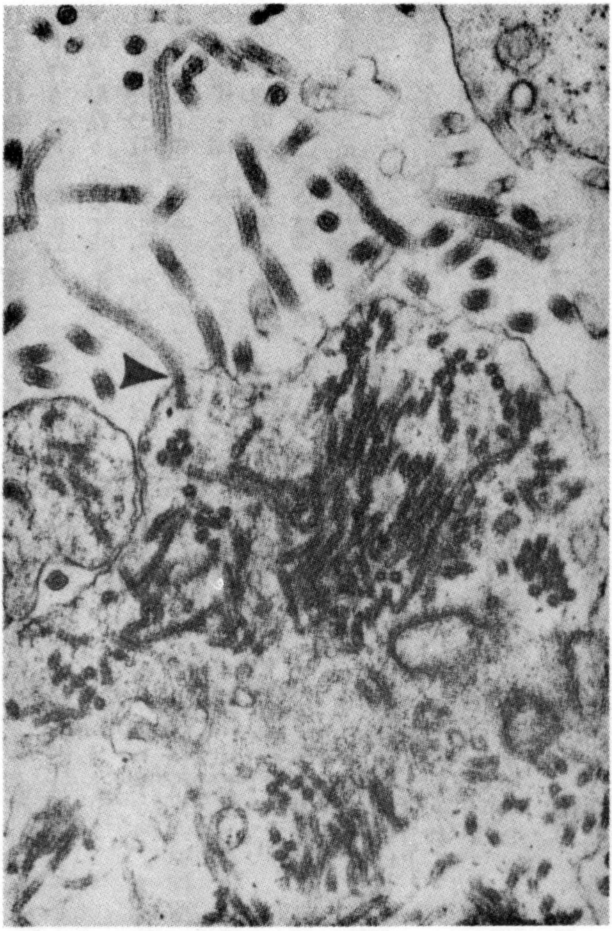

感染人類細胞的艾波拉病毒

毒的口袋是以感染細胞膜為材料製造出來的。

與這個膜結合的蛋白質就稱為「恩布抗原」，HIV的蛋白分子是gp160或gp120，或是gp41。

艾波拉病毒就是具有口袋的病毒同類，是能夠變化各種形態的病毒。病毒具有蝸牛狀、U字形、像數字6的形狀或絲狀，顯示富於變化的特徵（流行性感冒的病毒也富於變化）。

此外，艾波拉病毒雖是拉布德病毒的同類，但是因為具有這種絲狀延伸的性質，因此和馬伯格病毒一起分類為「菲洛」病毒的一群。

艾波拉病毒的大小

艾波拉病毒粒子的大子，從八十㎚（約一二五〇〇分之一㎜）到一四〇〇〇㎚（千分之十四㎜）為止，長度有一八〇倍的變化，具有感染力的病毒粒子平均為九七〇㎚（約千分之一㎜）。

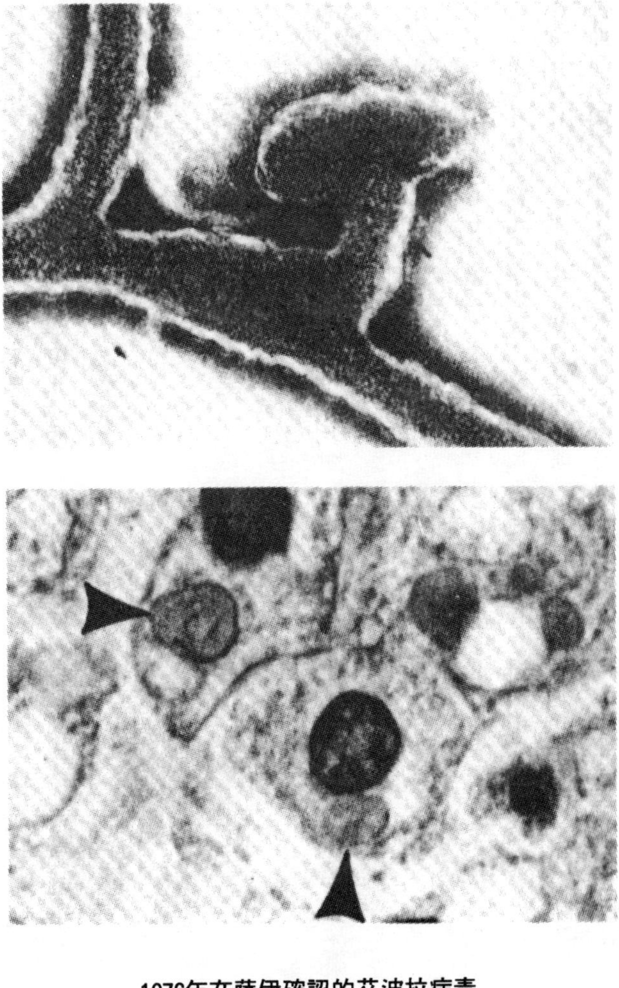

1976年在薩伊確認的艾波拉病毒

附帶一提，流行性感冒病毒的大小，從八〇～一〇〇nm（約萬分之一mm），脊髓灰質炎病毒為二七nm（約三萬分之一mm），除了一部分的病毒以外，幾乎所有病毒的大小都在這個範圍內。

艾波拉病毒的種類

以往知道艾波拉病毒有三種，其中致死率最高的是「薩伊型」，其次是「蘇丹型」。由病原性來看，西元一九七六年時的流行，在薩伊流行的薩伊型的致死率為八八%，在蘇丹流行的蘇丹型致死率為五一%，比率較低。此外，還有即使人體感染到也不會發病，屬於猴子的「猿猴艾波拉病毒」。

這次在薩伊流行的病毒與一九七六年流行的相同，屬於致死率較高的薩伊型。

猿猴艾波拉病毒則是一九八九年時，美國的維吉尼亞州，華盛頓D・C的郊外農業地帶，和雷斯敦市的靈長類檢疫所中，發現由菲律賓叢林捕獲，當成實驗用動物進口的食蟹猴，出現腸管出血的大量死亡事件。猿猴艾波拉病毒就是引發這次事

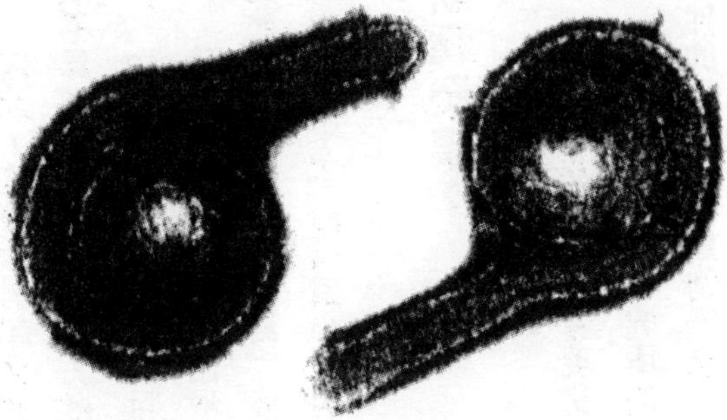

變形為6字形的艾波拉病毒

件的病原體毒。

因此，在美國引起艾波拉病毒登陸的大騷動事件。幸而猿猴艾波拉病毒對於人類不具有病原性；因此使得艾波拉病毒騷動事件暫時沈靜化。

由這個事件可了解，目前艾波拉病毒全都會對猿猴產生病原性。

猿猴艾波拉病毒經由猴子之間的感染，會藉著空氣之間的感染而猛烈地傳播。因此，一部分的人認為「猿猴艾波拉病毒可能會產生變化，有感染人體之虞」，不過現在似乎不需要擔心這個問題。

新種發現？

最近，甚至報告發現艾波拉病毒的新種。

在法國巴斯德研究所的報導顯示，在非洲西海岸的象牙海岸國家公園，研究黑猩猩的瑞士女性動物學家（當時三十四歲）發現了黑猩猩的屍體，為了調查其死因而解剖黑猩猩，結果一週後，即一九九四年十一月二十四日感染出血熱。

但是，由她的血液分離出來的病毒與以往的艾波拉病毒顯示不同的抗原性，是新種的艾波拉病毒，因此在一九九五年五月二十日的英國『柳葉刀』（lancet）雜誌中加以報導。

如果正式加以確認，那麼以往的艾波拉病毒之外，又增加了新種。

參考：引起出血熱發症的病毒同類

（由病毒學分類為：族）

1　艾波拉病毒

a　流行地　蘇丹、薩伊

b　潛伏期間　三～十六日

c　死亡率　五十％～九十％。蘇丹型為五六％，薩伊型為八八％。

d　症狀　略

e　媒介　詳細不明。經由血液或分泌液、醫療行為等感染。

f　帶菌者　不明。猴子、老鼠、鼴鼠等都可能受到感染。

2 馬伯格病毒

a 流行地　肯亞、南非
b 潛伏期　三～十六日
c 死亡率　二十%以上
d 症狀　與艾波拉病毒感染酷似。
e 媒介　與艾波拉病毒相同。
f 帶菌者　不明。可能與艾波拉病毒同樣，會感染相同的動物。

一九六七年，在德國馬伯格、法蘭克福，以及南斯拉夫的貝爾格勒等，關於疫苗製造的研究室中，負責培養製造疫苗所使用的非洲綠猴腎細胞的三十一名研究員，出現原因不明的出血熱症狀，由這些患者體內分離出來的病毒命名為馬伯格病毒。

這是與艾波拉病毒型態類似的病毒，但是抗原性完全不同。

一九七五年，南非的約翰尼斯堡發現三名馬伯格病毒感染者。最初的一名是到羅德西亞做短期訪問的旅行者，發病後第十二天死亡。在旅行過程中感染的原因不明。

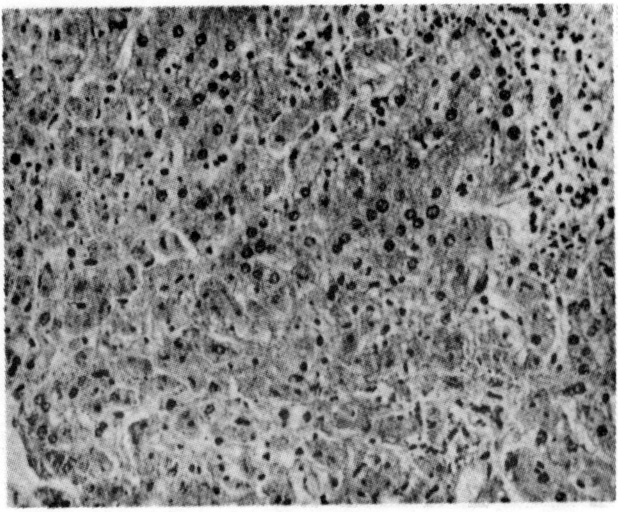

一九七五年在南非確認的馬伯格病毒。

死後第七天，與第一位患者一起旅行的人也發症了，而與第二位患者接觸的護士，在接觸後第七天發病，所幸二人都治癒了。

一九八〇年，在肯亞西部感染，在奈洛比醫院死亡的法國患者出現了，後來這位患者的主治醫生也發症了。

3 拉沙熱

a 流行地　西非（一九六五年在奈及利亞的拉沙流行）

b 潛伏期　五～二十一日

c 死亡率　一～二%

d 症狀　初發症狀為發燒、口內炎（潰瘍）、喉頭炎、下痢、咳嗽、腹痛、胸痛等。發疹、肌肉痛、腎臟毛病、心肌毛病、肺炎、蛋白尿（特徵）。
病理學的肝臟障礙。腎小體或腎臟尿細管壞死。

e 媒介　在蚊子體內發現，此外也會感染野鼠。

對於乳鼠不具有病原性，但是對於成獸卻會造成強毒。

4　克里米亞、剛果出血熱病毒

a　流行地　俄羅斯、剛果

b　潛伏期　二～九日

c　死亡率　二十％以上。

d　症狀　突然惡寒與三十九度以上的發燒、頭痛、倦怠感、腹痛、嘔吐、結膜等上半身充血、口內炎、徐脈、白血球或血小板的減少等。腦或肝臟等臟器浮腫與散布性壞死、梗塞等ＤＩＣ的病理症狀。

e　媒介　蟎

世界的流行地是俄羅斯的克里米亞地方，以及西非的剛果，二地的距離非常遠，因此原因依然成謎。後來在各地也發現了病毒，總算解開了謎團。

目前，還不知道何種成獸會因此病毒而發症。

艾波拉病毒可怕的理由——與愛滋病的比較

如果感染了一般的病毒，發症率和發症後的死亡率都比較低。

但是艾波拉病毒或愛滋病病毒的感染，死亡率特別高為其特徵。尤其艾波拉病毒感染，像薩伊型的感染致死率為九〇％，蘇丹型為五〇％。此外，愛滋病毒的感染在感染第十年的死亡率為五〇％。

比較艾波拉病毒與愛滋病病毒的感染管道時，艾波拉病毒是以感染者的看護者感染較多；愛滋病病毒則是由於使用過的注射針，造成針刺意外事故引起的看護者感染例，但是這類的感染例並不多。

因醫療行為而引起的感染的不同，可能與血液或分泌液中的病毒量的不同有關。艾波拉病毒與愛滋病者相比較時，發現分泌物中的感染效率屬於比較好的病毒。

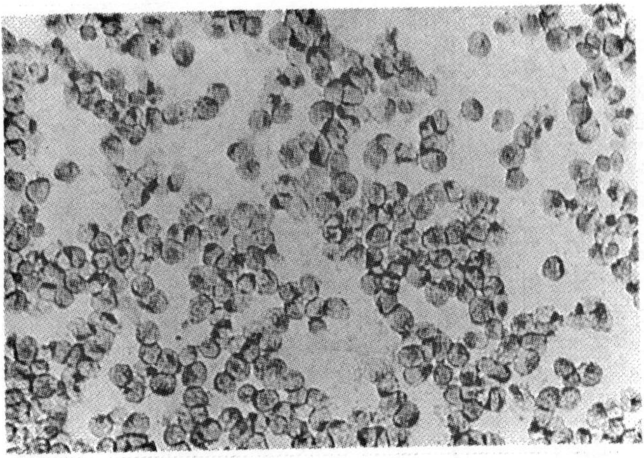

利用抗素抗體法進行染色（卡爾帕斯法）拍攝的HIV病毒

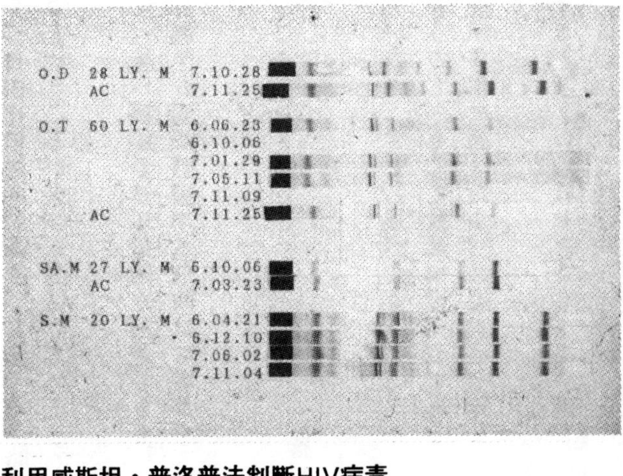

利用威斯坦・普洛普法判斷HIV病毒

因此艾波拉病毒與愛滋病病毒相比，藉著醫療行為而造成的分泌物、排泄物、血液等所引起的飛沫感染等，頻度較高，因此感染管道以艾波拉病毒的感染管道較多，這就是引起大恐慌的原因。

這次艾波拉病毒流行期的感染者人數，自一九九五年一月至七月一日為三百人，死者達二三三人。上次的流行（一九七六年）感染者為五百人。

而愛滋病病毒在全世界的發症者有八十五萬一六二八人（一九九五年末）。二者都是從非洲開始流行的。而艾波拉病毒現在在非洲以外並未出現感染例，然而愛滋病病毒卻已擴散到全世界。

艾波拉與愛滋感染力的不同

二者傳播力的不同到底是由於什麼原因所造成的呢？艾波拉病毒與愛滋病病毒同樣的，也會經由性行為而傳播。不過艾波拉病毒的感染是急性感染症，會在短期間內發症，所以實際上來說與其說是經由性行為感染，不如說是經由社會生活的感染較多。此外，因爲短期間發病，所以比起愛滋病感染者而言，更容易淸楚了解到感染者的存在。

也就是說，艾波拉病毒由於感染者明確，所以可說是比愛滋病毒更容易成立感染預防對策的病毒。

人類在本能上有避免接觸病毒感染者或遠離的衝動。艾波拉病毒會出現劇烈的症狀，因此周圍的人當然採敬而遠之的行動。關於這一點就很難以人權問題的觀點進行討論了。

愛滋病病毒的感染者即使感染病毒，但個人的健康狀態不會急速惡化，而且如果未接受檢查，甚至本人都不知道感染了病毒。即使感染了病毒，幾乎不會突然發症，所以，對於感染者的性衝動或性活動不會造成影響，到發病為止，時間拖得很長，所以能過正常的生活，這是值得慶幸的事情，而性的交流並不像語言交流般會受到阻礙，有自由化的傾向，這個方法可說是具有世界共通性，這也是造成大流行的原因之一。

愛滋病的情形，依感染者的意識或意志，當然可以避免感染給他人。即使發症，感染給看護者的機率也比艾波拉病毒小很多。

艾波拉與愛滋可怕性的不同

先前已敍述過艾波拉病毒可怕的特徵，病毒感染者會出現出血或下痢等劇烈症狀，而致死率非常高。而且病毒造成飛沫傳染的機會與可能性非常高，所以如果感染者未得到充分的照顧，當然會引起死亡的恐懼。

健康者一旦感染艾波拉病毒會產生劇烈的症狀，而且感染到致死病毒的機率非常高，因此十分可怕。現在醫學治療上的可怕大多屬於這一類。

流行性感冒會造成數百萬甚至數千萬人感染，但是卻不像艾波拉病毒這麼可怕。這是因為流行性感冒是與死亡率無關的問題。

艾波拉病毒的流行，一般的報導是「非常凶暴的病毒」或「殺人病毒」。對於這種流行不可低估，與愛滋病的情形相比時，應該要以更冷靜，更科學的方法加以探討。那麼，愛滋病的可怕之處是什麼呢？

愛滋病可怕的特徵，根據筆者實際接觸感染者的例子，愛滋病感染者大都隨著死亡的接近，認為愛滋病是經由性而罹患的疾病，產生這種強烈的意識。這種想像不只限於國內，世界各地的感染者都有此共通想像。

隨著時間的經過，衆人關心的不再是因愛滋病毒而造成的死亡，而是對於性的社會評價和問題才是最可怕的事情。

與愛滋病毒比較，感染艾波拉病毒的可怕，可說是純粹「死亡」的可怕。

艾波拉病毒是否能加以治療

一般而言，對於病毒感染的治療並不確實。

但是引起急性感染的病毒感染症（事前可預測出感染病毒），則是在感染前後的早期投與或注射抗體（免疫體），就能停止發症或減輕症狀。

像這種特徵症狀會出現的情形，例如病毒感染症的初期症狀，大多是「好像感冒一樣」，幾乎沒什麼特異性，因此很難斷定是何種病毒感染。

例如，感染艾波拉病毒時，出現的眼球出血或粘膜出血等特徵症狀，大多是病毒感染所引起的，這些都是在宿主體內出現的二次反應症狀，對於這些症狀，抗體沒有辦法加以抑止。

因此，目前對於病毒感染症的治療只能採取對症療法。病毒感染症對策的基本，應該是預防處置才對。

但是談及愛滋病，理論上這是很難進行的問題。

注意細菌的二次感染

艾波拉病毒的感染會因體表出血、DIC（播種性血管內血液凝固症候群）的產生而得知，出血的原因是因艾波拉病毒的感染導致粘膜等組織遭遇破壞，DIC進行，血液凝固因此急速消耗而產生強烈的出血傾向。

對於DIC有治療法，但是一旦疾病發生時，要使其復原非常困難。因此，病毒感染症的治療最好是在感染前，或是在症狀尚輕微的階段早期進行治療，才能使損害縮小到最低限度。

此外，如果預料容易引起細菌感染，也可以使用抗生素。但這只是對於細菌二次感染的處理方法而已。例如，罹患癌症者的死亡原因大多是細菌二次感染。至於病毒感染症方面，因為二次感染而造成死亡結果的例子也有。例如愛滋病等就是其中的典型。因此，細菌感染症的對策也很重要。

血清具有治療效果嗎？

電影『危機總動員』中，是利用抗血清的方式來抑制疾病的症狀。抗血清的確有效，但是卻有附帶條件。

例如感染白喉時，以前認為治療時要利用父母的血液或白喉菌產生的毒素而得到免疫力之馬的血清（稱為抗毒素血清）來治療，這是因為白喉菌的感染在菌產生毒素之前就能診斷。

病毒感染的情形又如何呢？特定的病毒流行地，事前能夠調查、預測發生的可能性，則在病毒流行感染之前，可接種對付病毒的疫苗，或是投與抗血清，藉此就能防止感染發症。

但是，一旦感染病毒後，除非是在初期，否則無法產生治療效果。

現階段感染病毒的細胞無法脫落，如果在損害度極小的範圍內未加以處置，很難解救感染者的生命。如果生還，必須是受感染者本身的體力，及感染病毒量的條件較強時。因此，對付病毒感染症確實而有效的對策就是事前預防。

艾波拉病毒的傳染（感染）路徑

病毒的播種傳染路徑絕對不是偶然出現的。病毒具有與其生存休戚相關的資源。所以病毒感染路徑絕不單純，其感染的管道具有一定的原則。

遺憾的是，目前對於艾波拉病毒的實態還有很多不明之處。在人類社會感染的例子，以目前當地的流行狀態加以推查時，首先是初期的病毒感染者感染了負責治療的醫療關係者而已。由於艾波拉病毒不似流行性感冒病毒般，具有強力的飛沫感

進行因艾波拉出血熱而死亡者遺體消毒的紅十字會人員。此外，在死者住家五公里的範圍內也要進行防疫活動。

染傳播力，因此，只有與感染者直接接觸才是重要感染路徑。

一九七六年在薩伊流行的艾波拉出血熱，是因為使用消毒不完全的注射器造成的刺傷，成為重要的感染要因，因此造成感染的擴大。

根據報導，這次的流行，以照顧艾波拉出血熱患者的醫療相關者，及參加死者葬禮的相關者感染的情形較多。由此可知，即使從事普通的醫療活動，受感染的可能性也很強。

一旦接觸艾波拉病毒感染者的血液、體液及排泄物，會成為感染的一大原因。當然與感染者進行性接觸，或經由粘膜接觸也有感染的危險。

此外，在基魁特周圍，有埋葬死者前清洗屍體的習慣，因此可能會擴大感染。

根據推測，艾波拉病毒即使在患者死後，其分泌液或血液中的病毒感染力也不容易喪失。由於害怕病毒傳播，因此基魁特的居民間不再互相握手了。

也就是說，如果不與艾波拉病毒的感染者接觸，就不會被感染。但是，此病毒的感染機會富於變化，感染力及感染效率之高，非愛滋病病毒所能比擬，也是一個不爭的事實。

病情與帶菌者

先前已敍述過，一般病毒的特徵是只侷限在病毒能夠感染的動物及動物的臟器，或是臟器中的特定細胞。亦即，限定於可以感染的細胞，即宿主身上。此外，在自然界的感染管道，因為病毒能夠到達宿主體內，所以，成為病毒宿主之生物的生態和解剖學的構造等，都是必要條件。

因此，本身的感染管道就已經受到限制。

艾波拉出血熱的流行，造成很多的死亡症例。而艾波拉這種急性病毒感染症，為何會造成感染呢？

例如，蝙蝠就算感染了狂犬病病毒也不會發症。但是如果這隻蝙蝠咬了犬，其唾液中的病毒感染到犬身上，就會使犬產生急性症狀而死亡。

如果狂犬病病毒感染到蝙蝠體內，還能殘存種族，如果感染到犬的體內，種族無法殘存。也就是說，狂犬病病毒原本並不是存於犬體內的病毒，而是犬被蝙蝠咬了以後偶然造成的病毒感染。

人類一旦感染艾波拉病毒，八十％到九十％會出現出血熱症，所以艾波拉病毒並不會以人類為帶菌者。對病毒而言，能夠留下自己種族的最好宿主條件，就是即使感染也不會發病的生物。也就是說，艾波拉病毒是穩定棲息於某種動物體內的病毒，只是偶然進入人類的社會。

也就是說，人類感染艾波拉病毒是一種偶然的事件。其關鍵在於人類與自然界的動物越過了感染症的屏障而引起的。

如果人類能遵循日常生活中的管道，就絕對不會感染流行性感冒等疾病。

病毒感染生物的理由

病毒為何會感染生物呢?無庸置疑的，病毒為了維持其種族，絕對不會殺害宿主。

病毒所具有的留下自己的種族的力量到底是什麼呢?簡單地說，就是病毒並沒

印度的瘟疫以老鼠為媒介而擴散開來

有製造出與自己同樣病毒的裝置，必須使用成為宿主的其他生物所具有的裝置，除此以外別無他法。

病毒所具有的力量只是感染到宿主的第一階段，也就是吸著其他細胞而脫殼（脫去最外殼）的力量而已。

病毒為了留下自己的生命及子孫，要維持宿主這個資源的生命存在是很重要的。所以，當然可以顯示出感染效率和復原期間的重要關係。而成為其資源的生命到下一個生命，也就是說病毒感染的管道能夠穩定存在，即生理的管道是不可或缺的條件。這個路徑的成立機率與感染效率都有重要的關係。

亦即，病毒想要在宿主體內保留種族，但如果宿主的症狀屬於急性激烈的症狀，則對病毒不利。

理想的宿主

對病毒而言真正理想的宿主，應該是能夠形成安定持續感染的宿主、能夠共存的宿主，才是理想的宿主。例如，所有人類的體內都有疱疹病毒及唾液腺病毒存在，但是通常不會出現任何症狀。由這個意義來看，對這些病毒而言，人體就是理想的宿主，是理想的帶菌者。

會使人類引起感染的流行性病毒，雖然不會出現致死的病情，但是藉著強力感染力或急速傳播力，會引起大流行的病毒，或是像艾波拉病毒這種感染人體時，會出現急性感染症，且有劇烈的經過和復原情況不良的結果出現時，則這個病毒不認為人類是適合留種的宿主。

人類不可能成為這種病毒的帶菌者或帶原者（即使感染仍能健康生活的人），因此不具有能夠殘存其種族的可能性。因此，必須在人類以外的自然界中找尋能夠安定感染的帶原者或帶菌者。

艾波拉病毒的帶菌者是什麼？

艾波拉病毒，首先要考慮到的是，需以自然界的何種生物當成帶菌者。

但是，目前艾波拉病毒在自然界的帶菌者不明。艾波拉病毒感染者的血液與組織接種到猴子、毛鼠、腮鼠的體內時，這些動物會感染艾波拉病毒。用猴子做感染實驗，在四～十六天的潛伏期之後，肝臟、脾臟、淋巴節、肺部出現高濃度的病毒，纖細的細胞與臟器會壞死，最後死亡。

顯著的症狀，則是破壞肝臟與消化管，出現些許的發炎反應像，以及播種性血管內血液凝固症候群（ＤＩＣ）病像。不論在任何條件下的感染，出現這些經過時，這個生物就不是感染病毒的帶菌者。

但是另一方面，病毒會因初次感染時的病毒量的不同，對於症狀與復原情形造成很大的影響。

此外，昔日在動物實驗室，採取非洲綠猴臟器的研究者之間，也形成同種的馬伯格病毒流行歷史，因此，猴子有可能成為帶原菌者。

總之，艾波拉病毒藉著野生的感染動物，尤其是猴子、老鼠等的咬傷接觸而引起最初的大危機。但是在亞馬遜河流域與建產業道路時，印地安人一年中有三分之一的人感染流行性感冒以及痲疹。

這就是文明社會帶到那兒的病毒，使得印地安人成為犧牲者，所以歷史的病毒接觸與症狀的輕重也有關。

為何確認病毒要花較長的時間呢？

這次在薩伊出現的艾波拉出血熱的流行，在五月十日時，才正式確認是艾波拉病毒的存在。CDC及WHO的調查團於四月進入當地，但是對於艾波拉病毒的確認，似乎花了較長的時間。

一般而言，由患者血液培養病毒，乃是採用以下的方法。首先，在病毒的培養上，需要很多的血液樣本。由於分離證明率較低，例如像流行性感冒等急性病毒感染症，因此具有從百分之幾的血液中培養出病毒來的機率。

此外，檢查時間大約需要二週。要進行抗體檢查，但是要產生抗體，也需要花一些時間。同時需要「第四級」的設施。

在日本，目前是有處理像艾波拉病毒這一類所謂「第四級」病毒的設施。不過，因為社會的問題以及當地居民的反對而無法使用。

因此，萬一國內出現艾波拉出血熱時，以現在的體制而言，如果要確認病毒，就需要委任CDC等美國方面的專家了。需要嚴格封鎖檢查血液送到美國去檢驗，因此要花較多的工夫與時間。

例如，一九九二年十月在千葉縣，由薩伊歸國的男性為原因不明的熱病而住院，當時揣測可能是艾波拉病毒。當然，只好請求CDC調查。檢查結果，確認不是艾波拉病毒，但這卻是男性死後一個月後的事。

因此，病毒感染症，以預防為第一要件。此外，對於不可思議的病情，則需要謹慎處理。

重要的初期臨床診斷

當然，感染艾波拉病毒之後經過二週致死的可能性極高，因此，無法一一等待個人檢查再進行治療。一般的病毒感染，實際的情形則是罹患原因不明的疾病，等

支援紅十字會活動的修女。
這一次艾波拉出血熱的流行，
也奪去了她們同伴的生命。

到痊癒之後，才知道感染的病毒是什麼。

因此，在感染症的治療上，必須依賴醫生在臨床的初期階段觀察患者微妙的狀況，做出正確的診斷才行。

感染症與隱私權

不只是艾波拉病毒，感染症，就是指病原體傳染、疾病增殖的特異疾病。換言之，感染症不只是個人的疾病，也是社會的疾病。因此，遏止這種疾病流行的對策，首先就是要發揮感染者與一般人的社會性，藉著行動來加以遏止。而且不只是個人，政治、經濟、醫療等社會組織全體，在精神、物質兩方面都必須要展現能夠提出強力支援、提升感染者的社會活動的效果。

像愛滋病，是否應該告知患者，是一大爭執的問題。

當然，與癌症告知同樣的，考慮到感染者的心理，有的人認為不應該告知。但是，具有傳播力的傳染病，如果不知道感染病原菌的話，恐怕就無法採取遏止疾病流行的基本對策，無法使傳染病對策的第一步向前邁進。

為什麼？因為遏止感染症流行的第一步，就是感染源（感染者）對策。其次則是感染經路對策。這兩者如果沒有感染者的協助，就無法成立。因此，要解決這些問題，首先要診斷患者——感染何種病毒——，從這些告知的行為開始進行。

保護自身免於病毒的感染

預防病毒感染的方法，不只是事前投與疫苗而已，此外，還有避免感染病毒。如果覺得自己有感染病毒的可能性，則要避免傳染給他人，要擁有這種社會性。

此外，看似健康的動物，也可能帶有病毒，如果其他的動物，可能會產生劇烈的症狀。關於動物的問題，一般都討論食物的分配，但是也要考慮感染病毒或細菌的關係等。因此，要讓動物自然地分布，不要進行人為的移動，這也是一種社會性的表現。

亦即所謂的社會性，就是要主張自由，例如不要只顧及自己的慾望來移動動植物，有時必須要自我抑制。

在現代高速交通建設的發達，破壞了時間與距離這些對於自然感染症的屏障。動植物具有與特異氣候風土配合的生態而分布棲息地，形成感染症的屏障。但是由於人類人工的氣候或生活環境的形成，集體飼養很多的動物，也一併飼養了無數的病毒。

因此，必須要注意飼養的技術，可能會破壞感染症的屏障。

在人與動物交流的現代，所有的感染症已經成為國與國之間的ＳＴＤ（性行為感染症）。

站在醫院前的少年。難道他的家人也感染病毒嗎？

第三章

世界性感染症的時代

病毒的可怕與個人

從一九八〇年代開始，愛滋病（HIV病毒）的流行，以及這一次的艾波拉病毒的流行，藉由大眾傳播媒體的報導以及討論，使我們重新了解到對於病毒的理念以及恐懼感。但是，人類對於病毒的恐懼是一種潛在性的恐懼，也含有一種要忌避感染症的心理，這也是一種令人感到恐懼的事情。

我們再來分析一下這些恐懼吧！

首先，對於病毒的恐懼，具有個人性及人類的團體性。關於這些，我們需要追溯歷史來探討。

恐懼的原點

在一九五〇年代，當時的醫療由於抗生素的發達，因此，因為感染症而無法治療的疾病，多半是病毒感染症。

抗生素的開發研究，對於細菌感染較容易發揮效果，可是，對於感染病毒的細胞或動物，並未發現能夠去除病毒之物。此外，抗病毒劑的開發階段，在感染病毒前投與，具有某種程度的效果。不過，在感染之後，就不具抗病毒效果了。

在當時，拜抗生素之賜，細菌感染症的犧牲者驟然減少，每個人都覺得遠離感染症的恐懼了。

日本腦炎、德國痲疹、小兒麻痺

在這樣的時代中，卻發生了令衆人了解感染症可怕的事態，亦即日本腦炎的大流行。

日本腦炎，會在許多人的身上留下身體的障礙以及智慧障礙等的後遺症，因此大家重新認識到病毒感染症的可怕，並且拼命叫嚷著要驅除感染原因的蚊子。

接著，德國痲疹大流行，其結果，大量出現心臟畸形等先天性德國痲疹症候群的嬰兒。因此，孕婦對於感染德國痲疹都神經質地憂心忡忡，有的孕婦經醫師診斷疑似德國痲疹後，就接受人工墮胎的處理方法。

直到今日，這種情形依然持續著。

接著又流行小兒痲痺，結果，小兒痲痺的後遺症則是四肢痲痺，更加深了衆人對於病毒感染的恐懼感。

而且，在國內流行小兒痲痺時，由於小兒痲痺的疫苗不足，後來又從美國請求支援活疫苗，不過，數量仍然有限，大家開始爭奪疫苗。

從治療到預防

可是，對於病毒感染症的抗病毒的開發，腳步仍然遲緩。因此，對於病毒感染唯一的應付之道，就是預防注射或利用疫苗加強預防感染症的力量。

因此，疫苗開始普及，使得留下障礙的病毒感染症慢慢地減少。

但是，病毒感染症會出現後遺症，同時「沒有治療藥」，這就是衆人對於病毒心生恐懼的原點。

另一方面，由於病毒感染症的流行，使得抗病毒劑以及疫苗的研究盛行，同時，病毒感染症的檢查診斷法及其問題點也逐漸進步，在一九五五年代，成為了解免疫學病態的實態之時代。

慢性感染症的時代

一九五〇年代，手術的技術進步，是輸血普及的時期。結果血清肝炎及輸血後肝炎增加，因此，病毒學的研究愈加進步。

到了一九六〇年代以後，由布朗巴格發現（一九六七年）澳洲抗原，是輸血後肝炎的病原病毒，因此，將其命名為「B型肝炎」。

此外，在一九五八年，由EB病毒所引起的巴基特淋巴瘤被發現了。從這時候開始，對於慢性病毒感染症或病毒致癌的研究逐漸進步，終於來到了病毒慢性感染症的時代。

愛滋病的時代背景

另一方面，在日本腦炎等急性感染症流行時，進入成長期的我國經濟，在一九六〇年代以後，迎向高度經濟成長時代的來臨，國人的生活正如「用後即丟時代」這句話所表現的，在歷史上以往從未經驗過的物質生活產生了變化。同時，也從以往傳統團體生活的規律及生活觀等束縛中解放出來。

後來，漸漸地，與海外的經濟、文化交流，當成休閒活動的海外旅行盛行，國人的行動半徑急速地擴大，但是，同時人類也忘記了自然的感染症多半是由於物理、精神的屏障遭到破壞而開始的。

個人的自由度增加，行動半徑擴大的背後，卻潛藏著以世界性的規模造成感染症交流的危機，很多人都無法充分了解這一點。

愛滋病就是在這個時代背景之下而開始流行的。

此外，血液製劑的問題，也是潛藏在技術背後的危機之一。不可否認的，衆人

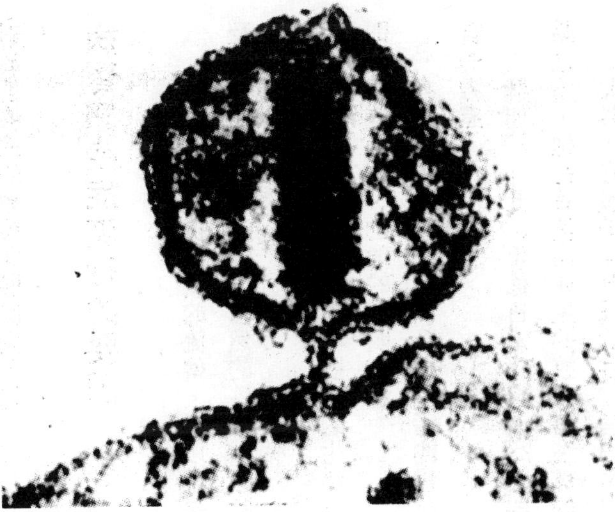

感染人類細胞的愛滋病毒

對於感染症的意識與顧慮尚不足。

病毒感染症流行的要因

這一次艾波拉病毒的流傳，可以說是病毒造成之感染症的流行。由於人類開發及環境的破壞，紊亂了自然的秩序，而且因為踏入神秘的內地，使新的感染症重新回到社會上。

當然，人類無意識之中展現的生活行動成為流行的開端，但其後流行的擴大，則與某些精神、物理的文明有關。

在使用新的技術時，社會生活的變化一定會產生危機，大家不應該忘記對於事實的考慮。

例如一九五〇年代日本腦炎流行的要因，是由於一九四〇年代飲食生活改善運動之下，推行養豬而產生的蚊子與腦炎的發生有關。

此外，在戰前洋基隊的強打者魯基里克以及美國總統F•羅斯福，過了三十歲以後才感染小兒痲痺，成為殘障者。按理而言，小兒痲痺應該是小兒的疾病，而美國大人竟然罹患小孩的疾病，令人感到不可思議。可是，當時日本與美國因為存在戰爭的時代背景，因此，到了一九五〇年代以後，日本包括成人在內，也出現小兒痲痺大流行的事態。

通常，小兒痲痺病毒會流入下水道中，滲透到食物內，經口感染而發症。但是，隨著下水道完善，混入下水道中的管道被杜絕之後，照說當時包括成人在內都不應該會感染小兒痲痺，可是由於某種原因，下水道的小兒痲痺病毒流入上水道，使得小孩與大人都罹患小兒痲痺。

換言之，像魯基里克或羅斯福過了三十歲以後才感染小兒痲痺，當然原因就在於美國的下水道完善及下水道發生毛病，在戰前原本只有兒童才會罹患的疾病，卻出現在日本，原因則完全相反，是因為下水道不完善所造成的，亦即社會情況不同，也會造成相同疾病的出現。

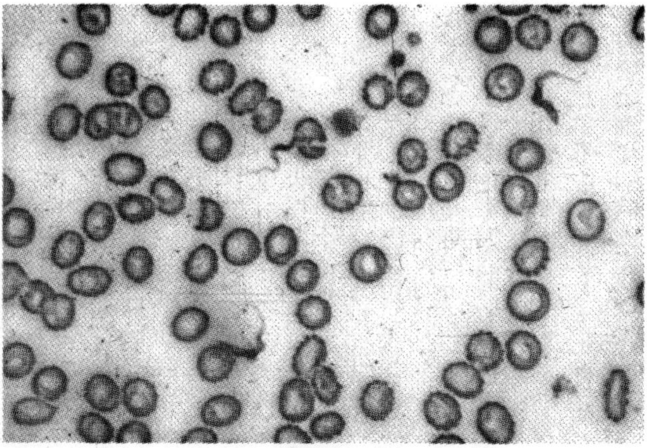

一九八一年時在東京發現的「睡眠病」病毒。非洲的風土病也有在東京發生的時代。

在東京發現的「睡眠病」

屬於非洲叢林內的地方病之一，由采采蠅所傳播，由錐蟲所發症的「睡眠病」，結果在一九八一年於東京卻發現有日本人罹患這種疾病。

為什麼在非洲叢林發生的傳染病，會於東京這個大都市中發生呢?事實上，這個疾病的病原體，即是利用飛機等高速交通工具的管道而進入日本。

原本這種睡眠病，在日本並不存在媒介的采采蠅，在東京這個地方也不可能造成人與人之間的傳播。但事實上，在現代，由於高速交通工具使得感染症的移動——對所有種類的病原體而言都是同樣的——會經由同樣的管道搭乘飛機而來。

外來傳染病在國內紮根

在日本國內，有一陣子霍亂是已經銷聲匿跡的傳染病。但是在一九六三年時，陸續出現感染者，一九七七年，在流經和歌山縣的有田川中發現了霍亂弧菌，出現二十九名霍亂患者。當時，有田川霍亂事件被大衆傳播媒體爭相報導。

在有田川霍亂事件之後，於流經都心的多摩川河口等日本的河川，分離培養出霍亂弧菌，每年都發現霍亂患者。一九八九年，發現九十五例患者，其中，國內的感染例為六十九例（六三％）。

以往被視為外來傳染病的霍亂菌在國內紮根了。

後來在一九九三年報告霍亂患者有九十二人，其中八十九人是到海外旅行而感染，歸國以後發症，感染地都是在亞洲。因此，霍亂再次具有外來傳染病的性格。但是不只是霍亂，所有的傳染病都不能夠再以國內、國外的感覺來加以區分了。

同樣的疾病菌種也會產生變化

在一九六五年以前，日本發生的赤痢，幾乎都是由稱為「弗氏痢疾桿菌２Ａ」的細菌所引起的。而當時在歐洲的赤痢患者，都是由「宋內」痢疾桿菌所造成的。

但是，後來隨著化學療法的進步，赤痢的發生銳減，現在在國內偶爾出現的赤痢，幾乎全都是由在歐洲流行的「宋內」痢疾桿菌所引起的赤痢。而亞洲各地和波里尼西亞地區醫療設備不完善的地區，由弗氏痢疾桿菌2A所引起的赤痢依然流行。現在日本國內的赤痢患者一旦經確認是由弗氏痢疾桿菌2A所造成者，則多半是前往這些地區去旅行的人。

為什麼赤痢菌會產生這種種類的變化，原因不明。也許是對各種藥劑的感受性出現微妙的差距吧！

此外，原本愛滋病是存在於非洲的性行為感染症，後來藉著由美國與歐洲進入當地的人的性活動而感染，於是疾病和由非洲歸國的人一起被帶回國內，或離開殖民地的人帶走了感染症，像由采采蠅傳播、離開非洲叢林而在東京發現的錐蟲一樣的，隨著飛機的發達，病原體和人類一起從非洲移動到世界各地。

印度的瘟疫流行

一九九四年，印度流行瘟疫，震撼全球。瘟疫菌在以前曾數度襲擊歐洲，產生很多的犧牲者。瘟疫是先感染到老鼠等動物的體內，再藉著其排泄物與跳蚤傳播病菌。但是像肺瘟疫，則瘟疫菌會經由空氣感染而擴散開來。

就整個世界來看，瘟疫的流行已斷絕久矣。在日本，自一九二七年以來，六八年間並未出現瘟疫患者。

瘟疫發生在印度西部，格佳拉特州的斯拉特出現數百位的感染者。最大的問題是，得到瘟疫發生情報的市民，有數十萬人逃離城鎮，疏散到其他地區。因此，包括印度各地在內，可能造成瘟疫波及全世界。於是，世界各國在機場等處採戒嚴姿態。

這也顯示出由於交通工具的高速化，隱藏傳染病會波及全球各地的危險。

技術開發造成危險的增大

最近，愛滋病在短期間內就擴散到全球，這是由於高速交通工具的發達，人與

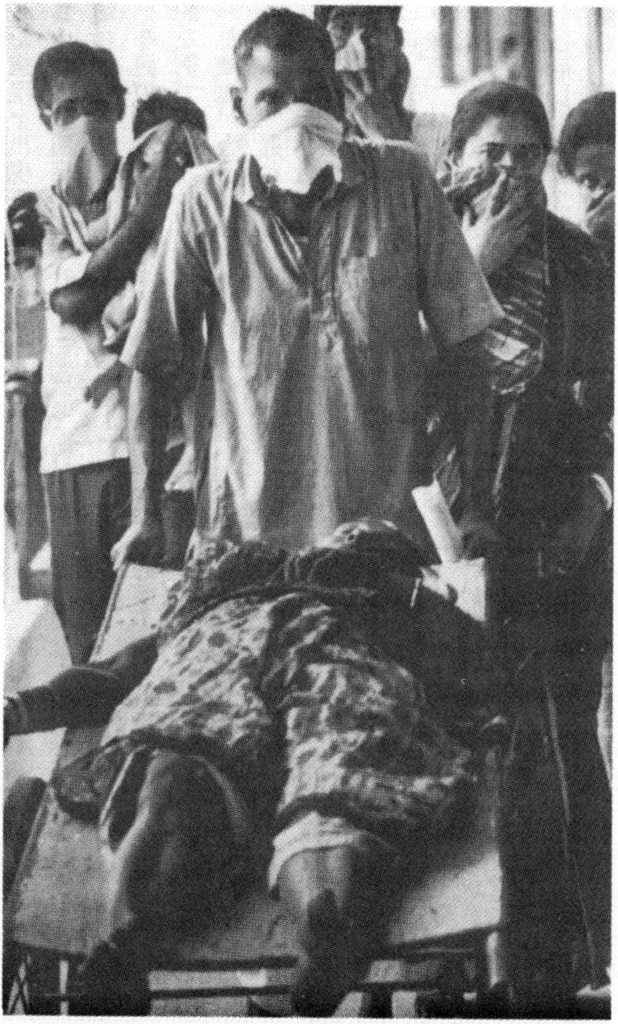

1994年9月，印度流行瘟疫，震撼全世界

物質的交流能夠簡便往來所造成的。像哥倫布帶回歐洲的梅毒，會在世界上散播開來，不是因為動物所造成的，而是人類本身的行動而使其擴散。

人類互相交流的同時，也出現感染症的危機。現代的高速交通工具，會使感染者在發症前就進入國家。因此，現代人的社會性是必須要探討的問題。

此外，醫療技術的集中化，促進技術的共同利用，當然出現了現代化的大型醫院。換言之，形成與病原體一起存在的多數病弱者，集中存在的超高密度社會。我們置身於一不小心就可能會造成很大犧牲者的環境中。

這一次在薩伊造成的艾波拉出血熱的流行，醫院發揮了流行泉源的作用，這就是一個典型的例子。

艾波拉出血熱的流行，當然一大理由就是因為經濟問題導致醫療設備不足而造成的。但是，技術的發達對於危機的考慮不夠，也是一大問題。

此外，像藉著輸血或凝固因子製劑等先進技術而得知的血友病患者的HIV感染，以及洗腎設備造成肝炎的流行年，就說明了看似安全但在技術上卻有缺失的嚴重問題。像MRSA所造成的院內感染問題，也是其中之一。但是MRSA的問題，已經被列為社會問題而加以探討。可是，僅限於一部分的人會注意到這個問題。一般人很少下意識地展現正確的行動。

不過，艾波拉出血熱，目前沒有治療法，而且是致死率極高的病毒感染症，感染的危險性很大，甚至藉由照顧患者，都可能會被感染。由這個事實可以說明，如果接近感染者，就有感染的機會，情形與愛滋病完全不同。

世界的防疫機構

這一次在薩伊的艾波拉出血熱的流行，美國發揮了重要的作用。原本美國是對於來自中南美國家的傳染病採取檢疫姿態的國家，這也可以說是因為這些地區大都存在著傳染病。

此外，在現代，美國有很多機會派遣軍隊到世界各國去。世界各地對於傳染病的對策，大都是與外交或世界戰略有直接關係的問題，因此，關於世界各地的傳染病之研究，有的國家積極探討，例如ＵＳＭＲＩＩＤ或ＣＤＣ等的活動，就是其中的代表。

另外，英國、法國與荷蘭等國，在世界各地，尤其在非洲大陸內擁有殖民地，在這些殖民地的營運上，傳染病的研究是必要而不可或缺的條件。

但是，前面也提及，像日本只存在有限疾病的島國，而且長期採取鎖國政策，因此，傳統上對於感染症的對策，甚少將其納入成為政治的中心課題。

在這時出現的愛滋病，成為國人對於性行為感染症的意識及醫療改變的一大轉機。同時，不完善的檢疫系統的實態，也是值得檢討的問題。

微生物污染

問題不僅止於此。相信外出旅行的人都知道，現在在澳洲等地，對於入境者，包括動植物在內，甚至連食物都被禁止攜入。這是因為澳洲要維持獨特的生態系統。

但是，在我國，檢疫不夠完善，從世界各地進口很多的動植物，其中也包含逃走或被丟棄的動物在國內各地野生化。

舉例而言，鳥類世界中野生化的鸚哥群起飛翔，在河邊發現原產於美國的熊在此棲息，以及美國螯蝦、草魚在湖沼、河川棲息，在東京灣甚至出現了熱帶魚。如果大家記憶猶新的話，應該還記得在石神井公園的水池裡竟然發現了鱷魚。

此外，由於寵物旋風而發生的黑猩猩等動物的走失事件，也經常被報導。而下北半島也有台灣猴侵入。

但是，這些動物原本體內就存在很多病毒、細菌及其他的微生物。這是引起大型微生物污染的原因。亦即現在國內就算隨時發生由於微生物、尤其是病毒所造成的損害，一點也不足為奇。

國人防疫意識的弱點

現在有很多外國的動植物移入國內，除了有限的動植物接受檢疫之外，其他的動植物都沒有接受過檢疫。最近，關於這一方面的法律檢討並不完善，不僅是猴子等的靈長類，關於很多動植物檢疫都不夠。

不過，在感染症立刻會在世界上蔓延的現代，光靠國內的檢疫也不夠完善。我認為在國內需要成立「感染症中心」，收集世界各地的感染症情報，加以分析以及調查。

同時，因為現在有無數的動植物移入國內，所以像這一次艾波拉病毒的流行一樣，要改革對於感染症的意識，改變昔日的想法，加以抑制才行。

例如，前面敍述過，狂犬病會感染給蝙蝠，而蝙蝠不會發症，但是一旦蝙蝠咬到狗，狗就會出現急性症狀，十天左右就會死亡。在這期間，被感染病毒的犬咬到的人，也同樣的會發症。

事實上，不只是這一類生物的感染，對於有些無症狀或目前還不了解的病原體本身，我們很難建立對策，感染到人體時，極可能引起激烈的症狀。

檢疫系統

再為各位說明一下關於目前國內檢疫的情形。

家畜傳染病預防法實施規則第50條

動物的種類	進口或出口時的羈留期間
1 偶蹄類動物	15日（出口時為7日）
2 馬	10日（出口時為5日）
3 雞、鴨、火雞、鵪鶉、鵝	10日（出生雛鳥的出口為14日，出口時為2日）
4 前各號以外動物	1日
5 罹患家畜傳染病的動物	復原後20日
	以下略

關心賽馬的人，應該知道每年秋天會舉辦「日本盃」賽馬比賽。很多來自外國的馬要進入千葉縣白井的檢疫馬舍，相反的，遠征到海外的馬，卻需要花較長的時間進行檢疫。

檢疫制度的確立，是為了防止外國的傳染病進入本國，或防止因為動物的移動而破壞生態系等目的而進行的。而且，不只在日本，在各國的法律都有規定檢疫制度。嚴格的國家，像澳洲等，甚至不能帶食物入境。

尤其是自艾波拉出血熱流行以來，日本國內的檢疫制度，特別對於進口動物的檢查，令人感到不安。在此，我想簡單說明一下日本動物檢疫的系統。

現在，日本對於動物的檢疫，是基於「家畜傳染病預防法」這一項法律來進行的。這個法律的檢疫對象包括馬、牛、山羊、綿羊、豬、鴨、蜜蜂。此外，「狂犬病預防法」規定犬有被檢疫的義務。這些動物在進口時，必須在法律規定的期間內履行檢疫義務。

但是，其他的動物，並不是法律所規定的檢疫指定動物。

猴子在法律的對象之外

成為問題的是，可能是馬柏格病毒的宿主或艾波拉病毒宿主的猴子。在國內，關於猴子的檢疫，並沒有法律的規定。但是家畜傳染病預防法，對於猴子的處理方式，則與其他的動物相同，只接受一天的檢疫，就能夠進口。

事實上，包括猴子在內的實驗用動物，在茨城縣筑波市的「社團法人預防衛生協會」進行自主檢疫。但是這只不過是民間的檢疫。

畢竟國內對於寵物等來自外國的猴子進口較為自由吧。（當然由「華盛頓公約」所指定的保護動物另當別論）附帶一提，一九九四年一年內進入國內的猴子總數達到四二五八隻，以國別而言，多半是由印尼、菲律賓、中國等亞洲諸國進口。

但是，根據資料顯示，薩伊的鄰國坦桑尼亞或喀麥隆等非洲諸國，也有很多的猴子進口到國內，也許應該要對於這些猴子抱持戒心才對。

因此，藉著這一次艾波拉病毒的發生，終於開始檢討是否應該經由法律規定賦

進口到日本的猴子（1994年）

國名	頭數
中國	718
菲律賓	752
印尼	2060
瑞典	2
英國	30
荷蘭	2
德國	8
瑞士	13
美國	41
巴西	290
多哥	180
喀麥隆	20
坦尚尼亞	102
摩里西斯	53
合計	4258

根據日本貿易月表（日本關稅協會）1994年12月號

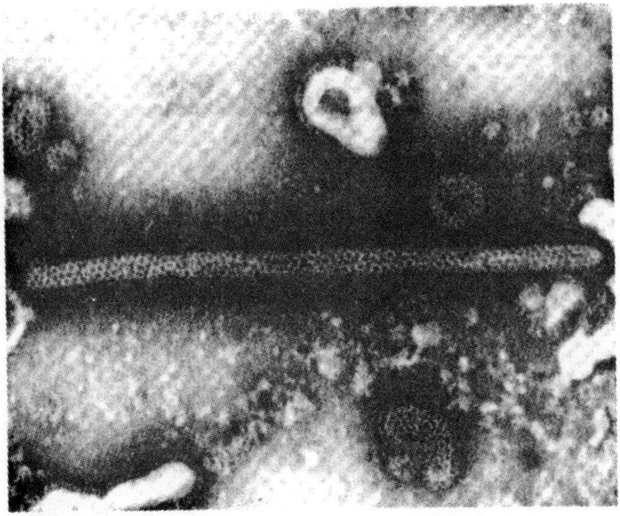

流行性感冒病毒會變化為各種形狀。
也會變成這種絲狀。

予猴子檢疫的義務。

最重要的是，這一次艾波拉病毒的發生，我認為是一種來自自然的警告。傳達訊息就是「不要移動動物，不要破壞自然」。

艾波拉病毒感染到人體，但是這個人能夠進入國內的可能性較少。我認為在國內感染艾波拉病毒的例子，則多半是來自動物的感染。

所以，趁此機會，各位務必要再考慮一下自然與人類的關係。

第四章

對付病毒最前線的現場

USMRIID
United States Military Research Institute for Infectious Disease
‥美軍傳染病研究所

CDC
Centre for Disease Control‥美國疾病管理中心

USMRIID與CDC

很早就認識急性病毒感染症危險性的國家，就是在世界擁有廣大殖民地的英國，以及戰後與世界政治具有密切關連的美國。

例如，一九五〇年開始的韓戰參戰的聯軍士兵（主要是美軍）之間，流行一種由「罕他病毒」引起的流行性出血熱。當時，稱為流行性韓國出血熱（後述），原本是分布於俄羅斯的亞洲地區到中國大陸的感染症。

此外，在歷史上，美國一直與傳染病較多的中美到南美各地的紛爭不斷，而陸

世界傳染病研究中心ＣＤＣ（美國疾病管理中心）。在這裡面日夜進行人類與病毒的搏鬥。

續將軍隊送往中東、越南等世界各地。因為這種關係，故對美國而言，世界的感染症情報或感染症的研究，與軍事、外交有密切的關係，因此十分的重要。

於是，美國在馬里蘭州設置ＵＳＭＲＩＩＤ（United States Military Research Institute for Infectious Disease：美軍傳染病研究所）與亞特蘭大的ＣＤＣ（Centre for Disease Control：美國疾病管理中心），以此為主，進行與世界各地的地方病（風土病）的感染症有關的調查研究。

ＣＤＣ的本部在亞特蘭大市（喬治亞州）的郊外，與世界各地的保健衛生機構建立網路，進行關於感染症或慢性疾病的預防對策、環境及職業場所環境的相關疾病、身體障礙或死亡的預防、情報、宣傳活動、教育活動、搜集情報活動等。

代表活動例，就是一九八〇年代初期，據說十年才出現一例（但是發現者只限於高齡者）的卡里尼肺炎的患者出現了五例，而且也發生在年輕人之間。

此外，只有老人才會出現的卡波濟肉瘤，也發生在年輕人之間。因此，成為發現愛滋病的線索之一。

這一次艾波拉出血熱的流行，尤其是ＣＤＣ，進行最早確認艾波拉病毒的重要工作。

到亞特蘭大去

一九八九年，我參加在加拿大蒙特利爾所舉辦的國際愛滋病學會，後來又去訪問亞特蘭大的CDC（美國疾病管理中心），於是從蒙特利爾的米拉貝爾機場搭乘飛機前往紐約。

當時搭乘的飛機是DC10，與波音747飛機的乘坐舒適度相比，感覺好像搭乘國內線一樣，有點不安。機內雜亂不堪，又如搭乘鄉下的巴士一般。不久之後，在遙遠的那一端，看到好像用小的畫筆畫上一筆白色的東西，那就是美國與加拿大交界的尼加拉瓜瀑布。

後來，眼下出現綿延不絕的墨綠色森林。空服員和乘客之間持續了一陣子輕鬆的談話，後來到達紐約機場。於紐約住了兩晚，再搭飛機飛往CDC所在地的喬治亞州的亞特蘭大市。

在機內遇到一位乘坐輪椅的二十幾歲亞洲系女性，這位女性的行動力與空服員的顧慮令我印象深刻。

亞特蘭大市

CDC所在地的亞特蘭大市，是一九九六年奧運會的舉辦地。在此為各位介紹一下亞特蘭大市。

到達亞特蘭大的我，從機場搭計程車到皮奇茲里街的飯店，以大的獅子頭當成門燈的大廈，金碧輝煌，好像人種博物館一般。

到達飯店時，看見許多黑人服務員滿臉笑容地說：「歡迎！歡迎！」用帶有南部口音的英文熱情地歡迎我們。

這一天是星期天，我到金格牧師的紀念館和紀念體育館參觀。在中央公園看到很多身高二公尺以上的非洲後裔市民。我覺得這是一個擁有不同膚色、不同人種的世界。出了公園之後，豪華的飯店消失在我的視線內，結果看到很多非洲後裔居民行走於馬路上。

來到紀念金格牧師的紀念館內的游泳池前拍照，當我把焦距對準建築物時，走在路上的一位年老黑人坐在住家前面的陽台上，很高興地對我說：「你拍吧！」真是和藹可親。

在夕陽西沈時，進入展示金格牧師得到的諾貝爾獎以及他所穿的衣服的紀念館。雖說是紀念館，但是就好像是鄉下鐘錶店的玻璃櫥窗一樣，在簡陋的玻璃櫥窗內，展示著諾貝爾和平獎的金牌，讓人感覺有些落寞。

在紀念館內野外游泳池的周圍有很多的小攤販，買了一個具有東方色彩的布袋，結果上面印的是「香港製」。

這個布袋即將遠渡太平洋再回到故鄉的亞洲，「病原體就是這般地在地球上移動，造成全球性的危機吧！」這是我當時的想法。

漸漸地，在我周圍有各種不同膚色的人種群聚而來，美國真是一個大熔爐。一位身材高大的女性拜託我替她拍照，她露出潔白的牙齒，展露笑顏，於是我將相機對準她而按下快門。

突然，從游泳池的那一邊傳來強烈節奏的爵士樂，看到很多的非洲後裔在那兒跳舞。這時，前述的那位女性也邀我共舞，「只要和別人一樣踏步，手臂和手上抬即可」，說著，她開懷大笑。

聽到她這些話的白人觀光團也跟著笑了起來。不會跳舞的我，也模仿她和其他人的腳步，加入跳舞的人群中。

在一旁笑的白人們，也開始加入舞蹈的行列中，就像收藏著不同顏色的彈珠的箱子突然被打翻一般，呈現混亂的景象。

既然是跳舞，當然就要活動身體。大家適當地擺動身體、踏步，總之，不能踩到他人的腳，不能撞到他人的身體，要配合節奏，活動全身。但是我覺得除了自己以外，其他人好像與生俱來就富於節奏感似的。

聽這位女性說，這樣的活動一個月有二次，是為了籌措黑人解放運動的基金而成立的活動。

在距離人類與病毒搏鬥的最前線基地CDC的一步之外，有各種不同的人種建立起人種大熔爐而生活於此。

前往ＣＤＣ

第二天早上，打電話給ＣＤＣ，與ＳＴＤ（性感染症）預防事業部長洛巴特克麥夏博士連絡，他說上午十點會來接我。不久之後，他開著老舊日製自用車出現。他說：「我們要通過住宅哦！」然後車子在路上奔馳著。

在路上，他提及想要換一部豐田的車子，車子駛出了亞特蘭大市，進入郊外的森林中，感覺好像行駛在國立公園內的觀光道路上。在森林中，陽光普照，擁有廣大草地前庭的住宅排列在林內，但並沒有破壞森林。

穿過悠閒的住宅地，往右轉，看到廣大的停車場以及數棟大型平房。當時的ＣＤＣ正在改建中，因此建築物分別散落在各處。根據克麥夏博士的說明，以後，主要ＳＴＤ相關的設施將要搬入建築物中。

進入ＣＤＣ的大門，看到裡面貼著職員與研究員的照片。有的穿著軍服，有的穿著平民百姓的服裝。說明之後，才知道很多都是服兵役的職員。再往前走是所長室，所長室全都用玻璃裝潢，因此從走廊就可以看到裡面的情狀。這一天正好所長不在，美國國旗插在所長席的後方，看起來好像是總統辦公室一般。

我前去拜訪的建築物內所進行的主要工作，就是設施內的所有電腦都和其他的電腦連線，甚至利用電腦就能夠談話。因此，將所有的醫學研究和疫學統計分給所有的職員，輸入資料，維持CDC的資料庫，然後進行資料的電腦解析，再由疫學統計的分析，監視異常疾病的發生。

CDC的資料是美國的財產

當時，光是STD（性感染症）部門，就有五十名研究員在進行資料的解析，並輸入所有的資料。此外，據說發現愛滋病的乃是當時的五人小組，在我拜訪之際，這個部門的人數已經達到二五〇人。組織性的活動，在廣大的美國大陸內發生，哪怕只是卡里尼肺炎、卡波濟肉瘤等的發生，都不容忽視，要掌握異常的狀況，因此才能夠發現愛滋病這種重大的疾病。

帶領作者參觀的特曼夏博士

CDC所長室

所以，美國國內的醫學論文或死亡診斷書、病理解剖結果等醫療的記錄，的確是以科學的方式正確地記錄著，成為國民的財產，好好地加以管理。

在克麥夏博士的帶領下走到門口，在建築物入口的側面，有捐血的抽血設施，即使是住在山中，但前來抽血的人或問診的人，以及等待的人不計其數。在裡面，有職員子女的保育設備，在其對面，正在建設龐大窗子的建築物，那是P3設備。今後，這兒也將擁有P3（微生物處理基準、愛滋病等）的設備進行研究。在這兒得到很多職員的親切歡迎，並且熱心地提供資料給我。

「我們以能在這裡工作為榮」

帶我參觀CDC的洛巴特克麥夏博士，以及史考特賀倫巴格博士最後說：

「資料的信賴性，與臨床醫師、醫療關係者的詳細觀察力和患者的信賴感及正義感有關。醫療與醫學資料是公共的事物，是國民的財產。就像這個中心一樣，大家輸入的資料，都可以自由地使用，就是因為尊重個人的優先權以及創作權的信賴關係所產生的。哪怕只是一些未知的疾病，也能夠透過居民的信賴與幫助而檢查出資料。其重大的要素，則是大眾傳播媒體的報導者，能夠秉持公正、不偏不倚的態度，正確地傳達科學的事實，同時，維持研究者之間的團隊精神也很重要。我們以能夠在此工作為榮。」

處理微生物的基準

在昔日國際交流淡薄的時代，只有存在於這個國家的病原體會感染國人，但到了十九世紀時，巴斯爾就說：「只要有人所在的周邊就會製造出病原菌的污染。」像加勒比海周邊的地方病梅毒的流行，在十五世紀末時由哥倫布航行隊帶回舊大陸（歐洲）為開端，現在已經擴散到全世界。所以，不管任何時代，只要有人類移動，病原體也會移動，這即是證明此一事實的最佳例子。

事實上，在東京也有非洲叢林內的地方病，亦即由采采蠅傳播的睡眠病患者出現。因此，現代堪稱是病原體交流的時代。

此外，也出現這樣的事件，在未開發的亞馬遜河流域新建產業道路，結果居住叢林中約一五〇〇名的印地安人，在一年後減為四分之一。其原因就是因為產業道路帶來的流行性感冒及痲疹的流行。

為何這些疾病會造成嚴重的損害呢？因為以往在亞馬遜河流域，並不存在著流行性感冒或痲疹。

因此，原本在這個地區不成問題的病毒，成為未經歷過這些疾病的當地居民的一大威脅。所以，病原體的危險度因地區的不同而有不同，但是在現代必須在以全球性的觀點來加以評價。現在應該要設立處理微生物的安全基準，這個基準要劃分「級數」。

在日本，國立預防衛生研究所（以下簡稱預研），基於WHO（世界衛生組織）的基準，在預研建立微生物安全基準，在日本國內運用這個基準。

以下，為各位介紹由『病原體安全管理規定』（國立預防衛生研究所）所制定的日本的微生物安全基準。

LEVEL 1　低危險度　對於個體及地區社會的低危險度

人類會產生疾病，但是動物不會引起重大的疾病。

病毒　：活疫苗病毒（牛痘除外）。

細菌　：不屬於LEVEL2、3者。

真菌　：同上。

寄生蟲：不屬於LEVEL2者。

LEVEL 2　對個體是中度危險，對地域社會是輕度危險性

人體或動物有病原性，但是對於實驗室職員、地域社會、家畜、環境而言，不會釀成重大災害，暴露在實驗室時，有引起嚴重感染的可能性，不過有效的治療法與預防法，所以傳播的可能性較低。

病毒　：腺病毒、肝炎病毒（A～E）、人類的疱疹群、人類T細胞白血病病毒、流行性感冒病毒、日本腦炎病毒、痲疹病毒、流行性腮腺炎病毒、德國痲疹病毒、衣原體等。

細菌　：大腸菌、髓膜炎菌、百日咳菌、赤痢菌、破傷風菌、葡萄球菌、霍亂弧菌等。

真菌　：米麯黴菌、隱球菌、念珠菌等。

寄生蟲：赤痢阿米巴原蟲、弓形蟲、棘隙吸蟲等。

LEVEL 3　對個體是高危險度，對地域社會是低危險度

一旦感染人類時，會引起嚴重疾病，但對其他個體的傳播力較低。

病毒　：人類免疫不全病毒（愛滋病）、裂谷熱病毒、立克次體病毒、罕他病毒、狂犬病病毒等。

細菌　：結核菌、傷寒菌、瘟疫菌等。

真菌　：芽生菌等。

寄生蟲：無。

LEVEL 4　對個體及地域社會具有高危險度

感染到人類或動物時會引起重病，罹患者容易直接或間接傳播給其他的個體。

病毒　：拉沙熱病毒、艾波拉病毒、馬伯格病毒、克里米亞剛果病毒、黃熱病病毒、疱疹B病毒等。

細菌　：無。

真菌　：無。

寄生蟲：無。

註：①對於不常存在於國內的疾病等的病原體等，有時會採用更高級數的分類。

②成為院內感染原因的重要病原體等比普通的級數更高。

③未記載於此的病原體等，個別考慮。

④臨床檢體的處理以LEVEL2來進行，不過，如果經由臨床診斷疑似危險度較高的病原體等時，則進行同等的處理。

『危機總動員』

最近成為話題，描述具有強大感染力病毒的科幻電影『危機總動員』，以及由理查普霍斯東所寫的杜撰小說『熱區』，非常的暢銷，因此，很多讀者都知道艾波拉病毒的存在。

『危機總動員』，是以艾波拉病毒為模型而拍攝的電影，一位年輕人為了想多賺點錢，因此從檢疫所偷到了猴子，結果猴子感染的未知病毒突然產生變異，成為會造成人類死亡的強力病毒，而且經由空氣感染，使得在加州的某個小城鎮瞬間受到大波及。

但由於世界戰略的緣故，秘密研究世界各地傳染病的美軍，早就知道這種病毒的存在，並暗地策畫想將這種病毒轉為一種兵器來使用，因此，總統與軍隊為了阻止這種病毒的流行，且為了保持病毒的秘密，曾經轟炸非洲的村落，利用轟炸機殺死整個城鎮的居民……。

結果，這個故事的關鍵就掌握在宿主（在這個電影中是指猴子）所取得的抗血清。像這一類的病毒，隨著動物的移入而產生的危機問題，以及致死病毒感染症的研究，由軍隊秘密進行，這些事實具有重大的意義。

『熱區』

此外，在日本比在美國還暢銷的書籍『熱區』，是敍述在肯亞於一九八〇年所發生的馬伯格病以及一九七六年在蘇丹和薩伊所發生的艾波拉出血熱等，以流行地的報導記錄為基礎所寫的杜撰小說。

作者普雷斯東實際到當地去搜集材料，對於這些感染症到底是經由何種過程進入人類社會，而當時人類的情形如何、醫療環境如何、負責治療患者的醫療關係者展現何種行動等，都做了真實的記錄。

在這二個作品中登場的是，對於這些感染症的病原體進行檢索和診斷的美國喬治亞州亞特蘭大市的ＣＤＣ。

『危機總動員』的啟示

在電影『危機總動員』當中發現了一些啟示，為各位探討一下。不過，首先我希望各位了解，我絕非對此作品進行批判。

『危機總動員』中利用抗血清來治療被病原體所感染的感染者，使得這個事件告一段落。但事實上，我認為對抗血清的效果過度期待，是值得商榷的事情。原理上，如果投與病毒感染者抗血清，雖然能夠治癒疾病，但只有在感染的早期或輕度損害之際投與，抗血清才能夠奏效。

所以，在早期時就要掌握病毒感染的情形如何，例如，如果了解到流行地具有某種程度的危機前，在感染之前就投與抗血清，則能夠奏效。而且是感染臟器者所限制的條件下，對於某些病毒才能產生效果。但是如果是全身感染，恐怕就難以奏效了。像『危機總動員』中所登場的病毒，是以艾波拉病毒為模型。如果是艾波拉病毒，則從感染後到發症為止的時間極短，約為二週吧！不過，實態不明。

描述病毒與人類搏鬥的SF電影『危機總動員』，敍述艾波拉病毒的發生，成為一大啟示。

總之，在這種情形下，成為病毒攻擊的細胞，可能分布在全身，經由不同的感染管道，感染的病毒量也有很大的差距。

但是，事實上感染艾波拉病毒的患者，大都在感染後到發症為止的期間為一週，而且還有很多的看護者被感染，因此在人體的增殖十分快速。與愛滋病病毒等相比，含有濃度較高的病毒，可能透過體液而感染。

但是，病毒因為突變，由接觸感染變成空氣感染，以病毒的構造而言，這是不合理的事情。

此外，實際上只有些許的病毒，是不太可能會感染的。病毒要感染細胞，需要大量的病毒，例如，只有一個病毒侵入體內，這個病毒會感染細胞的機率，幾乎是等於零。

舉個例子，請各位想想動物的生殖，大家都知道，要繁衍新生命，精子和卵子只要各一個即可。但是為了使這一個卵子能夠受精，卻需要數十萬、數百萬個精子，也就是說，在到達一個細胞之前，需要如此龐大的數目。

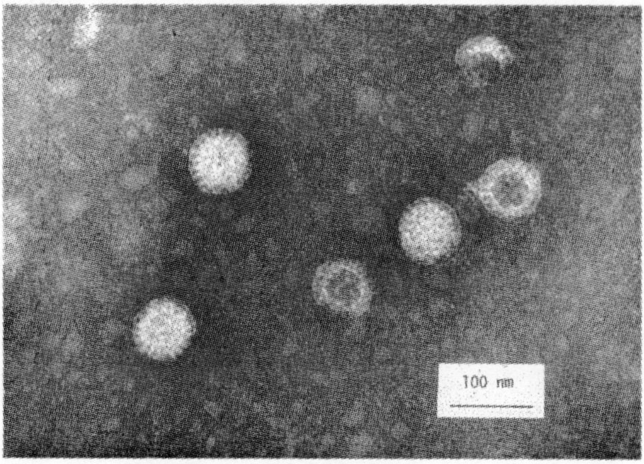

輪狀病毒（引起小兒性下痢等）口袋規則排列，病毒的構造容易了解。

關於血清、疫苗的誤解

病毒感染症的發症，前面已經敘述過的是，不能夠用血清或疫苗加以治療。

但是，自古以來的電影或小說中，此方法就被當成典型的治療法而加以利用。像病毒感染症所使用的血清治療，只有在初期的治療或症狀減輕及預防感染的形態下，才能夠奏效，相信看過本書的讀者，都能夠了解這一點。

但是事實上，很多人卻誤認為血清或疫苗是對付病毒感染症的特效藥。

第五章

病毒與現代文明

巨大都市的盲點

現代，包括東京在內高密度的都市，使得都市人口集中，但是，相反的，人際關係卻變得更為淡薄，使衆人忘記了感染症的危險，也失去對感染症的意識與責任感。像高速交通設備及與海外的交流，使得巨大都市成為病毒的侵入口，造成現代社會感染症流行的盲點。

像這一次出現在薩伊的艾波拉出血熱的流行，在醫院的感染者擴大，這就是都市型感染典型的例子，衆人知道沒有治療病毒流行的方法，因此不安的情緒更為高漲，最惡劣的情形，可能會造成大恐慌。

近代工業技術使得巨大超過密的都市出現，當然，人與人之間的社會距離縮短。原本，以物理的觀點而言，與狩獵民族的歐洲人相比，亞洲人的社會距離就比較短。此外，大都市衆人製造出壓力，以及社會出現黑暗面的世界。這些物理、心理的因素，使得都市感染症的危機增大。

在基魁特市內說明艾波拉出血熱的醫療關係者。

舉個代表例，就是「性產業」，其在都市繁榮的理由就在於此。

昔日是採用配合目的的感染症對策

距今四千年前的美索不達米亞、底格里斯、幼發拉底河流域的巴比倫古國所制定的漢摩拉比法典，對於感染症對策的規定，就是隔離病人。此外，中東、近東的生活習慣，對於性有嚴格的規定。

在醫學不發達的時代，這裡是多數民族與疾病共存的地區，因此，具有合理的防疫智慧，在世界各地都出現類似的狀況。

一般而言，孤立居住於叢林中的部落，對於病人的差別待遇較少，而在文明發達的地區，對於病人就有明顯的差別待遇，而且有嚴格的傾向。此外，日本堪稱是性開放的社會，但是由於交通設施有限，因此只能藉著韓國或中國而進行國際交流，是隔離的島國，所以感染症只限於在當地流行。

還包括性的問題在內，對於感染症，以社會秩序的問題占較大的比重，不過，範圍還是比較寬鬆的。

現代的巴比倫——東京

但是，現代巨大的都市，世界各地都藉著高速交通工具連結，其中像日本是資源的最大輸入國，是最大的貿易立國。因此，東京領導世界的經濟，可以說是感染症交流的現代巴比倫帝國，聚集了世界的感染症。此外，也可能將感染症送到世界各地。

事實上，每年有一千萬人到世界各地去旅行，也有來自海外的八百萬訪問者，因此，病原體與人類共同存在。

此外，不論是在任何時代或都市，尤其是高密度的都市，人際關係淡薄，忘記了危機，或是對於危機的意識與責任感遲鈍。由於高速交通工具的設備及與海外的交流，使得巨大都市間成為入口，成為現代社會感染症流行的盲點。

但是，從病毒的觀點來看，藉由人類開發技術的傳播，形成令人出乎意料之外的感染管道，成為欠缺生物界平衡的管道，對病毒本身而言，也是一種迷惑。

愛滋病社會的心理

病毒感染的可怕，不單只是威脅到自己的健康、生命而已。

例如愛滋病的流行，與從一九六〇年代開始的世界性開放的風潮有很大的關係。這個風潮的原動力，是由於一九六〇年代抗生素的開發及普及，從以往副作用極強的灑爾佛散或砷劑變成安全的盤尼西林，能夠進行完全的治療。

藉著抗生素的登場，使得衆人覺得好像從社會上或醫學上讓人感覺特別可怕的梅毒中解放出來。事實上，當時到診療所的診察室的患者給我的感覺是，對於梅毒感染的恐懼心已經淡薄了。

一九六〇年代，一般人對於梅毒的恐懼心淡薄，同時醫療現象的危機感喪失，也可說是在醫學上喪失對於感染症關心的時代，由於從梅毒中解放出來，而成為一種性自由的主張。

但是對於嘗過戰爭痛苦的人而言，指導戰爭的「道德」這個字眼對他們而言是過敏字眼，只能用性道德這個名稱來說明的性問題，在面對性愛自由與權利的主張時，在理論上會加以反對。

整個社會只是觀念上了解民主主義，缺乏對於以往生活習慣之科學的理解，對於傳統的生活習慣認為「由以前的權力者決定」，所以民主主義形成以觀念的——個人的自由而加以評價的傾向，因而產生了一些疑念。

事實上，經濟的快速成長使大家得以過著自由自在的生活，但卻建立了過密的都市，另一方面，現代人在精神上都是孤獨的。愛滋病的流行，就表示這種社會感覺縫隙的存在，所以愛滋病可說是衆人不了解以往生活習慣的意義，只是強調性的自由化，而出現的反駁現象。

對於愛滋病的偏見

愛滋病在傳統的性觀念上，屬於一種社會負面的現象。而且在討論自由性愛論之前，性的表現也增加了自由度，愛滋病的傳播路徑就存在於人類日常生活或強烈慾求和衝動之中。實際上ＨＩＶ的診斷，有感染危險性的人，經過詳細檢查否定感染ＨＩＶ後，與否定感染梅毒的人相比較，前後的性生活產生很大的變化，這是經由資料證明的事實。

對於研究病毒學的人而言，感染症對策在關於性方面的運動，比遵守交通規則的運動而言，在社會上生活的人全都必須對於這方面有重要意識改革。但是在八十年代，愛滋病的診療、檢查開始時，在醫院內也曾經歷感情的違和感。

事實上，很多人對於包括愛滋病在內的病毒感染症存在很大的偏見，尤其是關於性行為感染方面，進行實際的討論時，並非述說「病毒的邏輯」，而是空談議論。

但自由性愛論的消退，並非由於這些議論的緣故。而是因為愛滋病的感染症存在之故。愛滋病使得眾人對於感染症提高了關心度，而其背後存在著社會心理的激動。

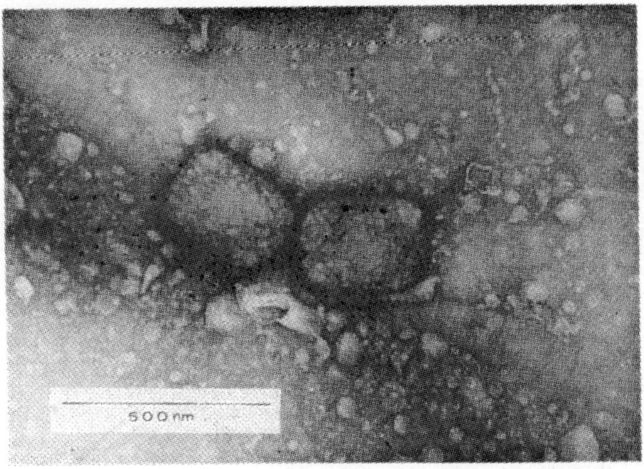

牛痘病毒。
在人類長久的搏鬥中，病毒已經根絕了，但是……

地球的感染症時代

後來，藉著院內的感染而形成MRSA問題以及在印度的瘟疫流行與擴大，以及英國所發生的「食人菌」（激症溶連菌感染症）等過敏報導陸續出現。但是這些細菌或病毒不是在現代突然出現的，而是先前就已經存在，大家所知道的細菌及病毒。

這些事件並非無關緊要的問題，根據這些報導可以了解，人類現在可說是一邊和未來永劫的感染症作戰，一邊生存著。

特別必須認識的問題就是現代社會的過密，造成人際關係疏遠，連結世界各地的高速交通工具使得各地的地方病（風土病）全都成為國家間的STD（性行為感染症）。也就是說，衆人必須對STD設立一種屏障。現代社會中，任何人都可能罹患由地球內側所發生的感染症。

在這種精神的環境之下，造成了艾波拉病毒感染症的流行。

感染症略史

在此我們回顧對於疾病解釋的歷史。

從古代到中世紀

在古代，人類對於疾病原因的解釋認為是神作祟。根據古代巴比倫帝國的漢摩拉比法典所記載的，病人就是神責罰的對象，因此必須與社會隔離。但是英國則將疾病定義為「疾病是神要解救的人的煩惱」，基督教的這種想法，聚集了人類並非完美無暇的觀念。

經過迂迴曲折的過程，後來認為疾病的原因有瘴氣說，即因為空氣污染所造成的疾病的想法，在十八世紀之前廣泛流傳於歐洲基督世界中。

但是在這期間，性病從新大陸移入。衆人察覺到有些疾病的發症方式並非藉由空氣的污染就能說明，對於這些病因論，一般的說法是因為與生病的人接觸而發病，即接觸傳染說。

這個說法的共通點就是疾病與自己的行動無關，是自然發生的，因此人隨時隨地置身於恐怖中。但後來大家了解性病是由不道德的性行為而造成的感染，在產生忌避感的同時，也加上人格的評價。

看這些歷史，我們可以了解心中對於疾病的恐懼，在動物的生態中也出現了。這些想法是以感染症為主。也就是說，感染症或傳染症，例如，一般由空氣感染的疾病，愈接近病人就會造成愈大的危機。認識這一點，可說是綜合動物性、生理性及生態性的看法。

因此，不願意接近病人的行動，事實上是符合理性的行動。

性的自由化與性道德

到了現代，人類短期間內克服了很多傳染病。由於抗生素的開發、普及，上下水道等生活環境完善，對於腸傷寒或赤痢等細菌性感染症的恐懼逐漸淡薄。

例如，梅毒等結果會進展為腦梅毒或球麻痺（腦性麻痺），先天梅毒會導致鼻子變形或牙齒變形或花瓣形，是非常可怕的疾病。人類對於梅毒感覺恐懼的一大要素，就是因為會導致機能障礙或容貌異常。因此，自古以來這就是與性有關的禁忌，而且似乎疾病都與性有關。

例如在日本，戰前出版的醫學書就寫著「在叫嚷富國強兵的時代中，為了預防性病，必須提高性道德，這是與皇國存亡休戚相關的重大問題……」。也就是說性道德與疾病的預防有密切的關係。

因此，性病診斷法的發達，以及盤尼西林的普及，減輕了衆人對於性有關疾病的恐懼感，也促使自由化運動的產生。

「死亡」的恐懼

ＨＩＶ（人類免疫不全病毒）的感染，是超越梅毒之上，會面臨死亡的事態。

尤其像以往視為急性感染症的病毒的流行性感冒或痲疹等，與沒有抗生素時代的腸傷寒或赤痢等的可怕相比，能夠自然減輕，因此衆人不會感覺恐懼。

可是，對於病毒的偏見卻根深蒂固。其一大理由就是，例如流行性感冒或德國痲疹等，會藉著強大的傳播力而造成很大的犧牲，這些過去的歷史，以及像小兒痲痺等會藉著飲食傳染，日本腦炎以蚊為媒介而傳播，會流下重大後遺症，這些歷史使得人類對於疾病產生了恐懼感。

以往罹患日本腦炎或小兒痲痺的患者，被視為是倒楣的人，但在一九五五年代，這些疾病大流行，卻沒有適當的治療法的病毒感染症，留下機能障礙的病毒感染症的大流行，這種恐懼令衆人印象深刻。

但是，對於ＨＩＶ或愛滋病的恐懼，並不是像梅毒或日本腦炎等機能障礙後遺症，而是「死亡」。

所以愛滋病以某種意義而言，是比艾波拉病毒更可怕的。

追溯對感染症的恐懼，就知道人類真正的恐懼是什麼？

性道德也是感染症對策

昔日的性病，尤其梅毒，是衆人討厭的疾病。罹患這種疾病以某種意義而言，證明生活不檢點。但是藉著盤尼西林等抗生素開發實用化後，衆人都認為盤尼西林能夠治療梅毒。

到了一九六〇年代，性自由化的論調風靡全世界。亦即性解放運動高漲的時期。

但先前已敍述過，八〇年代愛滋病的流行，使得性解放論的潮流瞬間中止。很明顯地，以往抑制人類性衝動之性的禁忌，藉著盤尼西林等抗生素的出現，而喪失了權威力，進而產生了性解放論，但是藉著愛滋病，又使性解放論消聲匿跡。

以往所謂性的禁忌，事實上是自古以來的感染症對策。性解放論則是錯誤的性的想法，現在世人對於性的想法有了新的價值觀。

「性的權利」與「性的義務」

愛滋病流行以前的性解放，即「性的權利」的主張，在社會上並沒有明確的態度或意見出現。只視為個人的生理要求而認為是一種理所當然的「權利」。

但是愛滋病的流行，使得一夜之間風靡世界的性解放論消聲匿跡。談及「性權利」的問題，目前還是沒有辦法得到明確的回答。一般人對於「性的權利」想法當然各有不同。但有權利必有義務，以往一直未探討的「性的義務」是什麼？「性的道德」是什麼，現在應該要加以檢討了。

自古以來所謂性道德，以某種意義而言就是感染症對策，是經由某人的染色體經由性行為而擴散開來，透過「種」而與所有人有密切關係。性病的病原體和染色體同樣的透過種而擴散到所有的個體上，因此，社會才會產生性的禁忌。

到了現代，性的禁忌不單是個人的感染症對策。例如，輸血在日常生活中是占了很大比重的日常技術，透過輸血技術，使所有人的生命都有可能受到他人性活動的影響。

此外，由於交通工具的發達，人與物質的交流、動植物的人為移動能夠輕易地進行。也可以說是直接受到海外性活動影響的時代。而且如果出現病毒感染症，只能採用對症療法，因此當然會製造出生命的危機。

所以，性的權利在社會性中是值得商榷的問題，如果沒有性義務，當然也不應存在性權利。

破壞病毒屏障的文明

愛滋病的情形自發現以來，到一九八三年登陸日本為止的期間大約二年。但哥倫布發現美洲大陸時（一四九二年）帶回歐洲的梅毒，到達日本的時間是一六一五年左右，與愛滋病的情形相比，需要花六十倍以上的時間。

從當時的歐洲移到亞洲最東端的日本為止，是相當長的距離。柔弱的梅毒原體何以能移動，當然和性脫離不了關係。當時國際間的交流並不發達，而在江戶時代初期的政治情勢下，梅毒到達日本的速度，在當時而言已經算是很快的了。也就是說，性行為感染症的確具有驚人的擴散力。

這個力量就是人類的性。在這一點上愛滋病也是同樣的情形。但梅毒與愛滋病擴散決定性的不同點，很明顯的是在於交通工具的發達。利用性的傳播或是與血液製劑有關的問題，都受到交通工具發達與否極大的影響，這是不容否認的事實。

以前利用雙腳行走，或是利用騎馬等交通工具，當然無法傳播急性感染症，也就是說，距離和時間形成對抗感染症擴散的屏障。但是到了現代，發達的交通工具，破壞了對抗感染症的天然屏障。現在許多傳染症，瞬時就具有移動到全球各地的力量。

欲防止感染只能依賴人類的心

另外一個問題是，文明的利器使人類忘記了同樣有人類居住的地方，會有地方病（風土病）存在的事實。

對於屬於高技術時代的現代而言，很自然地就會破壞感染症的天然屏障。對抗感染症的屏障現在必須要由在世界各地之人的心及意識中尋求了。對付所有感染症的對策，就是每個人必須要抱持阻止其流行的必要態度才行。

但是，觀察最近的社會情勢和事件，可發現即使生活在同樣的社會中，幾乎無法產生相互信賴關係的社會，或是根本忘記社會本身的存在意義，反覆鬥爭，在精神上化為烏合之衆的人際關係出現了。

例如，這次艾波拉出血熱以外的報導，大多不能冷靜地說明事情或實態，而只是一些駭人聽聞的報導。此外，病原體或各個事件本身，也是一種可怕的存在。

真正可怕的是，對於過密化的社會而言，不可或缺的信賴關係已經破壞了。

戰後感染症的變遷

一九四五年八月十五日，日本向聯合國投降，第二次世界大戰就此閉幕。通知空襲警報的聲音停止了，此時的天空與其說是平穩，不如說是呈現空虛的狀態，好像時間已停止似的，一切都沈澱於靜寂中。

使戰後荒廢的靜寂產生動盪的，就是侵襲日本全土的赤痢和腸傷寒、發疹傷寒等的大流行。這些疾病大多是從中國或南方回來的人帶回來的。當時我出生在山中的小城鎮，小鎮中也出現很多死者。一家五人之中甚至有四人死亡。居住在白馬山麓清涼城鎮中的我的表兄弟，也因疫痢而死亡。

戰前，化學療法劑只有磺胺劑（具有有效的抗菌作用），但是以此為契機，陸續改良的磺胺劑出現了，當時大家都認為藥物非常有效。

盤尼西林終於出現了，接著鏈黴素（對結核性疾病、細菌性赤痢有效）、氯黴素（對於結核白喉、葡萄球菌有效）、土黴素（對於傷害菌、赤痢菌、瘟疫菌、霍亂弧菌有效）等抗生物質開發及普及後，傳染病的流行的確迅速消聲匿跡。

繼氯黴素之後，化學合成物質異煙肼的抗結核作用逐漸明白之後，與其他的傳染病相比，剩下的結核問題也能急速解決。但是沒想到並不如意料中地逐漸減少，而成為很大的社會問題。但這只是時間的問題，不久之後就能解決了。

當時，出現世界性流行性感冒。此外，德國痲疹、水痘、痲疹等病毒感染症流行，但都是時期一到就能治好的疾病，所以感染症已不再如以往般的令人恐懼，成為可以解決的問題了。

但是，對於病毒的化學療法劑的開發卻進展遲緩。雖然嘗試過很多對抗流行性感冒病毒的藥物，且將許多化學物質使用於臨床試驗上。可是由於毒性強，如在感染前使用時，在試管內或動物實驗多少會產生一些效果，可是一旦感染後就無效，結果全都廢棄不用。

揭開病毒感染症時代的序幕

在這樣的時代，成為醫療對象之人類的感染症，全都是急性感染症。雖然現在已經了解像疣等也是由病毒所造成的，但現在已經不是考慮病毒致癌或慢性感染症的時代了。

病毒分離培養和檢出法技術的進步，動物細胞的培養非常進步，因此了解動物的白血病或乳癌大多是由病毒所造成的。即使如此，在動物身上發現病毒所引起的慢性感染症或是癌等，在人類身上並沒有發現。甚至有的研究者認為在這個世界上沒有會對人類造成這類病態的病毒。

病毒的研究愈進步，對於遺傳學、分子生物學的研究而言是有利的材料。關於病毒分離培養的技術開發研究，非常盛行，而病毒並不會感染所有的細胞。同時，病毒因感染的細胞不同，有的造成普通的感染，有的則會致癌，細胞的復原情況也不同，因此可以導入各種細胞而加以研究。此外，進行許多動物之癌病毒研究的同時，也盛行癌的病毒學研究，因此需要各種細胞。

癌和慢性病毒感染症，是基礎醫學病毒學今後必須要面對的重要疾病。不過，慢性病毒感染症由於急性症狀的發症例比較少，同時與手術後肝炎發症的特殊情況有關，因此，一般並不認為是身邊可怕的事情。

但實際上，雖然數目比較少，可是性行為可能會感染B型肝炎病毒，因此在結婚前後，甚至出現劇症肝炎死亡的例子。

過去曾經強調婚前健康檢查的理由就在於此，但是為了結婚而做健康檢查，會讓人聯想到婚前可能生活不檢點。

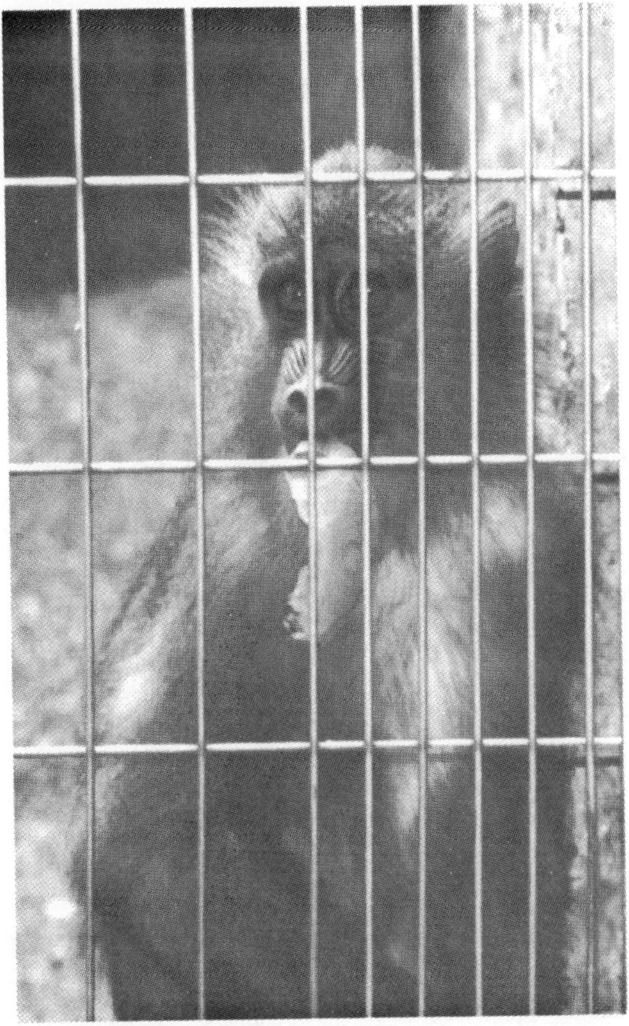

動物的進口導致病毒入侵

實驗動物的導入

抗癌劑的開發以及癌的化學療法研究需要很多的動物，因此輸入來自世界各地的動物，送到各研究室。例如，很多的老鼠、腮鼠、非洲綠猴等，各種生物齊集一堂，導入這些動物以作為動物實驗之用，或是由各種動物的體內取出細胞，用以進行動物細胞的培養實驗。

其中發生了以下的事件。

一九七二年，日本東北大學新成立的動物實驗室的職員中，流行伴隨腎出血的出血熱。這個出血熱在一九五〇年～一九五三年韓戰期間，在被派遣到朝鮮半島的美軍之間非常流行，因此，也稱為「朝鮮出血熱」。

這是由「罕他」病毒所造成的病毒感染，因為與帶原者老鼠等齧齒類動物接觸而感染。此外，罕他病毒會藉由飛沫感染。

罕他出血熱原本是中國自古以來為人所熟知的疾病，根據科學的記錄，最早的記錄出現在一九三五年的俄羅斯。

後來，世界各地在動物實驗室工作的人，都流行這種奇妙的出血熱，因此，將大量動物當成寵物飼養及做實驗成為很大的問題。

病毒感染症對人類的啟示

隨著抗生素的開發盛行，病毒感染症的化學療法劑的研究也非常盛行。當時主要檢討的是放射菌（分枝菌）的產生，對抗細菌的抗菌物質比較容易發現，對抗病毒的物質卻很難發現。

利用抗生素進行細菌感染的治療，發現病毒感染症與細菌感染症是屬於不同的特異實態，人類從中得到很多的知識。

其中之一就是一九五三年由克爾格曼研究出來的事實。即德國痳疹病毒感染到人體以後至出現症狀之前，需經七～十天的時間，免疫抗體在體內出現是在感染後將近二週後的事情，在免疫抗體出現之前，德國痳疹病毒也有可能離開血液中。

這個事實是，免疫抗體會殺死病原體而治好疾病，但一般人卻否認這種知識。藉著病毒症的抗體檢查的診斷，至少必須隔二週抽血進行抗體檢查，由這段期間的反應差來進行診斷。

被推翻的常識

其次探討病毒在免疫出現之前就離開體內的問題。

關於這個問題，最初得到啟示的研究是一九三四年由黃熱病病毒產生干涉現象，發現有人的體內出現弱毒病毒抑制強毒病毒的現象。一九五四年，東大傳染病研究所的長野泰一博士，證明了病毒存在於感染的組織，同時人體內也存在著對於病毒的再感染會加以干涉的物質，長野博士將其命名為干擾因子（ＩＦ）。

後來到了一九五七年時，英國皇家醫學研究所的艾塞克，發現細胞在病毒感染後會分泌某種物質，同時給予還沒有受到感染的與自己相同的細胞，對付感染的抵抗力的現象，他將這個物質命名為干擾素（ＩＦＮ）。

由於知道這個新的感染防禦構造的存在，因此，也成為了解病毒之間會產生互相干涉現象的關鍵。

這些發現使人類了解感染防禦構造不單只具有免疫作用。此外，急性感染症的情況下，免疫作用並不是為了排除感染病毒而產生的。同時也顯示出有些時期可藉由免疫抗體以診斷是否受到感染，有些時期則無法以此來做為診斷。

免疫原性較強的病毒，像德國痲疹和痲疹皆屬此類。這類病毒感染很少會導致死亡。至此就必須探討免疫存在的意義了。

妊娠中的婦女體內會製造強力的抗體，以對付對胎兒會造成極大影響的病毒，這是一項極具意義的作用。

病毒學知識陸續推翻以往人們深信的感染症常識，展開了新的感染症歷史。

後　記

本書以艾波拉病毒為主，為各位解說現在的病毒與感染症，在本書的最後一部分，為各位敍述我個人的病毒感。

科學的意義

人類一直是追逐夢想而生存著，這些夢想不外是對自己而言較適合的理想。有時候，人類會意識夢是自己的權利，甚至要求這些夢想得以實現，但是沒有得到科學的證明之前，夢想仍然只是夢想。

目前我們過著文明的生活，但是在文明的背後，包括病毒在內，微生物不斷表演的攻防戰反覆出現。例如，艾波拉病毒或愛滋病的流行是嚴重的問題，不過這些病毒的生存或活動，對於人類的夢想不會造成影響。

人類如果對於自己置身的自然界的立場與其他生命的關係，不能以科學的方法加以理解，不具有理性的判斷力，絕對無法對抗病毒。必須藉著不受思想、信條、宗教、人種等任何因素影響的眼光，發現病毒等與人體的關係，了解科學的事實，才能從中考慮生命的意義。

人類努力於科學的發達，擁有社會的目的與意義就在於此。

祖母的教誨

在我小的時候，因為青光眼而失明的祖母，叫我拿著放在廚房牆角的銅瓶汲取井水，汲取了井水後正打算喝瓶中的水，這時祖母說：「這個水必須等到明天才可以喝，如果打水當天就喝這個水的話，會受到水神的懲罰。」說著讓我喝放在鐵瓶中煮沸過的水。當時的洗臉盆大多是銅盤或檜木桶，祖母也要我將水放置於其中，經過一晚後再用來洗臉。

一直到我上了大學之後才知道，放入銅瓶中的水藉著溶解於水中的一點點銅離子，擱置一晚的時間可殺死水中的細菌或病毒，也就是說明銅離子可消毒水。此外，檜木也能產生檜木油這種具有強力殺菌力的物質。知道這些事情以後，想起幾年前死去的祖母，我真是非常敬佩她當時的堅持。

當然祖母並不了解這些科學的根據，但是卻嚴格遵守自古流傳下來的風俗習慣。

傳統、習慣與科學

後來我陸續觀察各地的風俗習慣及生物的生態，發現人類之所以是適合在地球上任何地方居住的生物，其理由是在當地能開發、蓄積生存的智慧或技術，並將之視為神的教誨，或傳統、習慣而遵守。

因此，如果不了解當地宗教、傳統或習慣的真正意義而加以廢止的話，可能會招致意想不到的災害。例如目前成為問題的病毒的發生，就是一種災害。

例如先前已敍述過的，在抗生素發達的一九五五年代，對於感染症的恐懼或緩和，在強調自由的意識下主張性解放。隨著愛滋病的流行，這個主張又逐漸消失。愛滋病的防疫運動，就是要限定性的對象，結果又回到傳統性習慣的主張。

原本這個性習慣並不只限於人類，甚至鳥類以後的生物都有一夫一妻制。

生命的歷史及其發達，或是生活習慣及生態，就是對應感染症智慧的累積。

生命的構造

在戰爭結束前二天，我生活的城鎮有數十架聯合國軍隊的轟炸機進行轟炸任務。當時轟炸機在超低空飛行，我甚至可以看到駕駛員和攻擊手在那兒談笑風生並俯看下方的情況，雖然當時我還小，但是我卻覺得「死期已經到了」。

但是這時我卻非常鎮靜，開始思索人類生存、死亡的原委；聽到蟬鳴時，我就思考昆蟲為什麼會在一年內產卵並死亡；鮭魚為什麼產卵之後不回到海中而死去呢？種種疑問不斷地湧上心頭。我相信這其中一定隱藏著重大的問題。

後來學習病毒和微生物學之後，我才知道爲了活著與感染症壯烈搏鬥，才是生命的真正姿態。

例如，鐮狀貧血的遺傳性疾病，在以前是與瘧疾流行地一致存在的疾病。以往一直被視為單純偶然一致的現象，但到了最近才了解，擁有這種遺傳病的人具有強力對抗瘧疾感染的抵抗力。

為了活在瘧疾的流行地，生命甚至改變了遺傳因子。由此可知生命具有強烈的意志。

談及感染就牽涉免疫的問題，免疫抗體（免疫球蛋白）到底有幾種呢？利用八目鰻做成免疫球蛋白M抗體，而鳥類體內還有免疫球蛋白G抗體。

人類及生物罹患感染症時，這些免疫抗體就會陸續出動，由此可知，生物的進化也可以說是感染症對策的進化。

婚後一年有感染的危機

生物體內包含病毒在內，有很多微生物存在，其數目隨著時間的增加而增加。

來自體外的病原體侵入後，不可能輕易在體內棲息。例如，大腸菌等必須要製造大量的維他命和水供給人體所需，但是對人體有益的大腸菌一旦進入膀胱時，就成為引起膀胱炎的病原細菌。

觀察人體內微生物的種類和平衡時，會發現與家族中的情形相同。家族的組成份子不同時，也會出現不同的情形。

也就是說，一旦結婚二人在一起生活後，互相交換體內的微生物。所以婚後過了一年後，雙方擁有同樣的微生物的平衡而安定下來。

以微生物學而言，這就是「建立新的家族」。

在這期間有時會發燒，偶爾會產生劇烈症狀或致命的感染症，在這個時期也許免疫會發生作用而形成第二次的感染。

為什麼甘冒這種危險而與不同的家族系統交配呢?當然，第一是因為遺傳的問題，牛津大學的漢米敦教授認為並不只如此。

他認為藉由各種遺傳因子的組合而形成個體的多樣化，才能應付疾病等所有的環境而殘存下來，也就是說並非為了父母，而是為了子女著想。

免疫是為誰而存在的

以下為各位解說免疫的神奇之處。

有的人會因德國痲疹或痲疹而死亡，但是這並不是會造成很多人死亡。儘管如此，對於這些病毒人體還是會產生劇烈反應，製造出強力抗體來。

對於能夠自然治癒的病原體，為什麼需要這種強力的免疫力存在呢？我認為是當胎兒還在母親體內時，一旦感染這些病毒，會對胎兒造成很多的不良影響，也就是說，與其說免疫會保護自己的身體，還不如說是為了防止下一代身體的缺陷而發達的。

由性行為而感染的病原體，生物是如何加以處理的呢？我的朋友結婚後由丈夫那兒感染了B型肝炎病毒，結果罹患劇症肝炎而死亡。在美國也有同樣的事件發生，成為著名的「蜜月肝炎事件」。

像愛滋病毒、梅毒、B型肝炎、C型肝炎等許多的慢性感染症，最初的感染就是最後的感染，這些病毒每當進行生殖活動時就會造成感染，而且無法藉由免疫力將這些病毒由人體內排出。

對於病毒而言，性行為或生殖活動等是有限的感染機會，病毒為了存活下來，必須在即使免疫力形成時，也要持續感染才行。

例如愛滋病毒，一旦患者體內出現了免疫抗體（即成為感染者），則這個疾病就具有感染給他人的能力，理由就在於此。

因此，對於這些慢性感染病毒，生物必須用免疫以外的方法來處理才行。

免疫以外的感染症處理法

到底有哪些方法呢？例如，沒有免疫構造的鮭魚就是一個典型的例子。鮭魚會上溯河川產卵而後死亡。如果產卵後再回到海中，又再一次為了產卵而上溯河川時，其體內就會蓄積鮭魚種中的病原體，而鮭魚種族就會引起感染症發症而死亡。

為了防止這種情形，必須要從體內去除病原體才行。因此，鮭魚產卵將生命移交給卵，而被病原體污染的身體則隨著病原體一起捨棄。

鮭魚卵產下後在河水中游動十二天，等到水中環境清澈，小魚由卵中孵化出來後，身體內的病原體較少時再回到海中，昆蟲的一生也是如此。

也就是說，所謂生殖就是個與種的消毒。

一夫一妻制的邏輯

鳥類是最早完成免疫的生物，由於鳥類在空中飛翔，所以無法一次產下大量的卵，必須每年進行生殖活動。生物中最早完成免疫的鳥，是具有一夫一妻制性習慣的生物。藉此就能防止因為免疫而造成的病原體的擴散，像兔子等如果配偶死亡，在一年內也不會再有新的配偶。

換言之，藉此各個生命在過了一年以後才能得到生命的自由。

人類擁有多夫多妻制習慣的地區，僅限於有很多病原菌存在的地方，或是氣候嚴酷的沙漠等。病原體較多的地方子女很難成長，因此必須要生下很多子女，當然

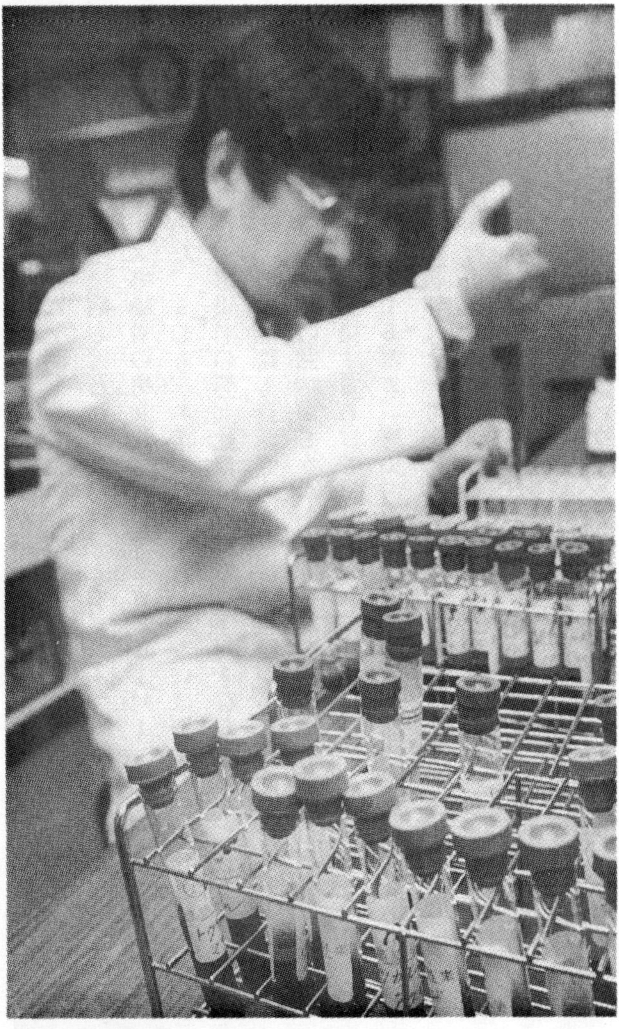

檢查診斷愛滋病的筆者

生存的危機也很大，父母的壽命很短。同樣地，在沙漠中因為子女很難成長，因此也擁有同樣的性習慣。

性習慣在當地的氣候風土之下，成為一種生存鬥爭的習慣。另一個很好的例子是居住在喜馬拉雅山岩場的人，大多是一妻多夫制。與其說是感染症對策，還不如說是為了生存在生產性較低之土地上的智慧所形成的性習慣。

病毒會使人類滅亡嗎？

當病毒流行時，人類會不會滅亡呢？這個問題經常被提出來探討。同樣的問題在愛滋病流行時也出現過，因此，以下就以愛滋病為例加以說明。

愛滋病是可怕的傳染病，其感染者的性別比例如何呢？愛滋病毒男女感染者的比例，在非洲為一比一；美國、歐洲的男女比為十七比一。愛滋病的感染力或傳播力如果很強的話，就像流行性感冒一樣，照理說感染者的男女比例，不論在任何地方都應該是一比一才對。

對病毒而言，感染經路也是一項資源，有感染經路才能造成感染，所以絕不會考慮男、女性的性別意義，或是考慮人類的權利或自由等而造成感染。

愛滋病是經由性行為而感染的，感染者的性比例及感染的危機當然具有地域差，亦即感染會受到生活習慣的影響，這點和流行性感冒不同，也就是說只要改善生活習慣，就能扼止愛滋病的流行。

即使感染者的配偶是感染者，但是居住在一起的其他家族卻不會成為感染者。也就是說不會藉由浴缸或餐具等而造成感染，這些事實顯示出愛滋病毒是感染力較弱的病毒。

前文已敍述過，像艾波拉病毒等感染力較強的病毒，因為感染力很強，因此反而具有不容易形成國際性傳播的特性。

一旦病毒消滅了人類，會造成何種狀況呢?病毒絕對不會消滅自己的宿主，因此如果因為艾波拉病毒而使人類滅亡時，就是自然的平衡遭到破壞的時候。也就是說，人類的滅亡是因為自然所給與人類的生態已達不平衡的時候了。

在自然界中，沒有人權，沒有人類的自由。因此，如果病毒導致人類的滅亡，必須由人類本身來負責任。

與病毒作戰

我曾經擔任一位藥物治療無效、無法動手術的難治性肺結核患者的主治醫師。這位患者說：「我已經沒有救了，我真想回家，在家人的陪伴下死亡，但是我又不想將疾病傳染給家人或周圍的人，所以我想在這裡結束一生。醫生，在我死亡之前你願意照顧我嗎？」說完這句話後，患者就死了。

我認為這是至高無上的愛，可以說是最佳之愛的表現，考慮到不要將疾病傳染給其他的人，可說是最崇高的想法。

同樣地，每個人都必須要盡自己的努力，不讓病毒等病原體進入自己的體內，充分留意健康。像捐血等行為，必須要在建立更安全的醫療體系及值得信賴的社會之後，才能進行這種助人的行為。

愛滋病或艾波拉病毒等感染症的問題，不只是人與人搏鬥的問題，而且是人類與病原體搏鬥的問題！因此，必須在科學的基礎下處理此問題，要和只擁有遺傳因子的病毒搏鬥，必須要嚴格遵守生存不可或缺的倫理、自然的規則，才能展開人類與病毒搏鬥的輝煌成果。

玉川重德

作者介紹　玉川重德

西元一九三六年出生於日本長野縣長野市松代町。一九六三年畢業於東北大學醫學部。六八年擔任東北大學醫學部細菌學教室助手。七一年擔任秋田大學醫學部微生物教室講師。七四年六月為同大學助教。七九年四月擔任東京都立駒込醫院臨床檢查科醫長。進行病毒持續感染系列的研究，以及抗癌、抗病毒劑的開發研究等，可說是愛滋病臨床檢查診斷的開拓者。

一九九〇年奉都知事之命，成為東京都醫療技術團的一員，到澳洲及新南威爾斯州訪問州政府。九四年四月開始擔任都立衛生研究所副參事研究員。

著作包括『保護子女，父母不可不讀的ＡＩＤＳ書』、『厚生省監督小兒感染症必攜』（共著）等。

•法律專欄連載• 電腦編號 58

台大法學院 法律學系／策劃
法律服務社／編著

①別讓您的權利睡著了[1]	200元
②別讓您的權利睡著了[2]	200元

•秘傳占卜系列• 電腦編號 14

①手相術	淺野八郎著	150元
②人相術	淺野八郎著	150元
③西洋占星術	淺野八郎著	150元
④中國神奇占卜	淺野八郎著	150元
⑤夢判斷	淺野八郎著	150元
⑥前世、來世占卜	淺野八郎著	150元
⑦法國式血型學	淺野八郎著	150元
⑧靈感、符咒學	淺野八郎著	150元
⑨紙牌占卜學	淺野八郎著	150元
⑩ＥＳＰ超能力占卜	淺野八郎著	150元
⑪猶太數的秘術	淺野八郎著	150元
⑫新心理測驗	淺野八郎著	160元
⑬塔羅牌預言秘法	淺野八郎著	200元

•趣味心理講座• 電腦編號 15

①性格測驗１	探索男與女	淺野八郎著	140元
②性格測驗２	透視人心奧秘	淺野八郎著	140元
③性格測驗３	發現陌生的自己	淺野八郎著	140元
④性格測驗４	發現你的真面目	淺野八郎著	140元
⑤性格測驗５	讓你們吃驚	淺野八郎著	140元
⑥性格測驗６	洞穿心理盲點	淺野八郎著	140元
⑦性格測驗７	探索對方心理	淺野八郎著	140元
⑧性格測驗８	由吃認識自己	淺野八郎著	140元

⑨性格測驗９	戀愛知多少	淺野八郎著	160元
⑩性格測驗10	由裝扮瞭解人心	淺野八郎著	160元
⑪性格測驗11	敲開內心玄機	淺野八郎著	140元
⑫性格測驗12	透視你的未來	淺野八郎著	140元
⑬血型與你的一生		淺野八郎著	160元
⑭趣味推理遊戲		淺野八郎著	160元
⑮行爲語言解析		淺野八郎著	160元

・婦 幼 天 地・電腦編號16

①八萬人減肥成果	黃靜香譯	180元
②三分鐘減肥體操	楊鴻儒譯	150元
③窈窕淑女美髮秘訣	柯素娥譯	130元
④使妳更迷人	成　玉譯	130元
⑤女性的更年期	官舒妍編譯	160元
⑥胎內育兒法	李玉瓊編譯	150元
⑦早產兒袋鼠式護理	唐岱蘭譯	200元
⑧初次懷孕與生產	婦幼天地編譯組	180元
⑨初次育兒12個月	婦幼天地編譯組	180元
⑩斷乳食與幼兒食	婦幼天地編譯組	180元
⑪培養幼兒能力與性向	婦幼天地編譯組	180元
⑫培養幼兒創造力的玩具與遊戲	婦幼天地編譯組	180元
⑬幼兒的症狀與疾病	婦幼天地編譯組	180元
⑭腿部苗條健美法	婦幼天地編譯組	180元
⑮女性腰痛別忽視	婦幼天地編譯組	150元
⑯舒展身心體操術	李玉瓊編譯	130元
⑰三分鐘臉部體操	趙薇妮著	160元
⑱生動的笑容表情術	趙薇妮著	160元
⑲心曠神怡減肥法	川津祐介著	130元
⑳內衣使妳更美麗	陳玄茹譯	130元
㉑瑜伽美姿美容	黃靜香編著	150元
㉒高雅女性裝扮學	陳珮玲譯	180元
㉓蠶糞肌膚美顏法	坂梨秀子著	160元
㉔認識妳的身體	李玉瓊譯	160元
㉕產後恢復苗條體態	居理安・芙萊喬著	200元
㉖正確護髮美容法	山崎伊久江著	180元
㉗安琪拉美姿養生學	安琪拉蘭斯博瑞著	180元
㉘女體性醫學剖析	增田豐著	220元
㉙懷孕與生產剖析	岡部綾子著	180元
㉚斷奶後的健康育兒	東城百合子著	220元
㉛引出孩子幹勁的責罵藝術	多湖輝著	170元

㉜培養孩子獨立的藝術	多湖輝著	170元
㉝子宮肌瘤與卵巢囊腫	陳秀琳編著	180元
㉞下半身減肥法	納他夏・史達賓著	180元
㉟女性自然美容法	吳雅菁編著	180元
㊱再也不發胖	池園悅太郎著	170元
㊲生男生女控制術	中垣勝裕著	220元
㊳使妳的肌膚更亮麗	楊　皓編著	170元
㊴臉部輪廓變美	芝崎義夫著	180元
㊵斑點、皺紋自己治療	高須克彌著	180元
㊶面皰自己治療	伊藤雄康著	180元
㊷隨心所欲瘦身冥想法	原久子著	180元
㊸胎兒革命	鈴木丈織著	180元
㊹NS磁氣平衡法塑造窈窕奇蹟	古屋和江著	180元

・青 春 天 地・電腦編號 17

①A血型與星座	柯素娥編譯	160元
②B血型與星座	柯素娥編譯	160元
③O血型與星座	柯素娥編譯	160元
④AB血型與星座	柯素娥編譯	120元
⑤青春期性教室	呂貴嵐編譯	130元
⑥事半功倍讀書法	王毅希編譯	150元
⑦難解數學破題	宋釗宜編譯	130元
⑧速算解題技巧	宋釗宜編譯	130元
⑨小論文寫作秘訣	林顯茂編譯	120元
⑪中學生野外遊戲	熊谷康編著	120元
⑫恐怖極短篇	柯素娥編譯	130元
⑬恐怖夜話	小毛驢編譯	130元
⑭恐怖幽默短篇	小毛驢編譯	120元
⑮黑色幽默短篇	小毛驢編譯	120元
⑯靈異怪談	小毛驢編譯	130元
⑰錯覺遊戲	小毛驢編譯	130元
⑱整人遊戲	小毛驢編著	150元
⑲有趣的超常識	柯素娥編譯	130元
⑳哦！原來如此	林慶旺編譯	130元
㉑趣味競賽100種	劉名揚編譯	120元
㉒數學謎題入門	宋釗宜編譯	150元
㉓數學謎題解析	宋釗宜編譯	150元
㉔透視男女心理	林慶旺編譯	120元
㉕少女情懷的自白	李桂蘭編譯	120元
㉖由兄弟姊妹看命運	李玉瓊編譯	130元

㉗趣味的科學魔術	林慶旺編譯	150元
㉘趣味的心理實驗室	李燕玲編譯	150元
㉙愛與性心理測驗	小毛驢編譯	130元
㉚刑案推理解謎	小毛驢編譯	130元
㉛偵探常識推理	小毛驢編譯	130元
㉜偵探常識解謎	小毛驢編譯	130元
㉝偵探推理遊戲	小毛驢編譯	130元
㉞趣味的超魔術	廖玉山編著	150元
㉟趣味的珍奇發明	柯素娥編著	150元
㊱登山用具與技巧	陳瑞菊編著	150元

・健 康 天 地・電腦編號 18

①壓力的預防與治療	柯素娥編譯	130元
②超科學氣的魔力	柯素娥編譯	130元
③尿療法治病的神奇	中尾良一著	130元
④鐵證如山的尿療法奇蹟	廖玉山譯	120元
⑤一日斷食健康法	葉慈容編譯	150元
⑥胃部強健法	陳炳崑譯	120元
⑦癌症早期檢查法	廖松濤譯	160元
⑧老人痴呆症防止法	柯素娥編譯	130元
⑨松葉汁健康飲料	陳麗芬編譯	130元
⑩揉肚臍健康法	永井秋夫著	150元
⑪過勞死、猝死的預防	卓秀貞編譯	130元
⑫高血壓治療與飲食	藤山順豐著	150元
⑬老人看護指南	柯素娥編譯	150元
⑭美容外科淺談	楊啟宏著	150元
⑮美容外科新境界	楊啟宏著	150元
⑯鹽是天然的醫生	西英司郎著	140元
⑰年輕十歲不是夢	梁瑞麟譯	200元
⑱茶料理治百病	桑野和民著	180元
⑲綠茶治病寶典	桑野和民著	150元
⑳杜仲茶養顏減肥法	西田博著	150元
㉑蜂膠驚人療效	瀨長良三郎著	180元
㉒蜂膠治百病	瀨長良三郎著	180元
㉓醫藥與生活	鄭炳全著	180元
㉔鈣長生寶典	落合敏著	180元
㉕大蒜長生寶典	木下繁太郎著	160元
㉖居家自我健康檢查	石川恭三著	160元
㉗永恒的健康人生	李秀鈴譯	200元
㉘大豆卵磷脂長生寶典	劉雪卿譯	150元

㉙芳香療法　梁艾琳譯　160元
㉚醋長生寶典　柯素娥譯　180元
㉛從星座透視健康　席拉・吉蒂斯著　180元
㉜愉悅自在保健學　野本二士夫著　160元
㉝裸睡健康法　丸山淳士等著　160元
㉞糖尿病預防與治療　藤田順豐著　180元
㉟維他命長生寶典　菅原明子著　180元
㊱維他命C新效果　鐘文訓編　150元
㊲手、腳病理按摩　堤芳朗著　160元
㊳AIDS瞭解與預防　彼得塔歇爾著　180元
㊴甲殼質殼聚糖健康法　沈永嘉譯　160元
㊵神經痛預防與治療　木下眞男著　160元
㊶室內身體鍛鍊法　陳炳崑編著　160元
㊷吃出健康藥膳　劉大器編著　180元
㊸自我指壓術　蘇燕謀編著　160元
㊹紅蘿蔔汁斷食療法　李玉瓊編著　150元
㊺洗心術健康秘法　竺翠萍編譯　170元
㊻枇杷葉健康療法　柯素娥編譯　180元
㊼抗衰血癒　楊啟宏著　180元
㊽與癌搏鬥記　逸見政孝著　180元
㊾冬蟲夏草長生寶典　高橋義博著　170元
㊿痔瘡・大腸疾病先端療法　宮島伸宜著　180元
51膠布治癒頑固慢性病　加瀨建造著　180元
52芝麻神奇健康法　小林貞作著　170元
53香煙能防止癡呆？　高田明和著　180元
54穀菜食治癌療法　佐藤成志著　180元
55貼藥健康法　松原英多著　180元
56克服癌症調和道呼吸法　帶津良一著　180元
57Ｂ型肝炎預防與治療　野村喜重郎著　180元
58青春永駐養生導引術　早島正雄著　180元
59改變呼吸法創造健康　原久子著　180元
60荷爾蒙平衡養生秘訣　出村博著　180元
61水美肌健康法　井戶勝富著　170元
62認識食物掌握健康　廖梅珠編著　170元
63痛風劇痛消除法　鈴木吉彥著　180元
64酸莖菌驚人療效　上田明彥著　180元
65大豆卵磷脂治現代病　神津健一著　200元
66時辰療法——危險時刻凌晨４時　呂建強等著　180元
67自然治癒力提升法　帶津良一著　180元
68巧妙的氣保健法　藤平墨子著　180元
69治癒Ｃ型肝炎　熊田博光著　180元

⑩肝臟病預防與治療	劉名揚編著	180元
⑪腰痛平衡療法	荒井政信著	180元
⑫根治多汗症、狐臭	稻葉益巳著	220元
⑬40歲以後的骨質疏鬆症	沈永嘉譯	180元
⑭認識中藥	松下一成著	180元
⑮認識氣的科學	佐佐木茂美著	180元
⑯我戰勝了癌症	安田伸著	180元
⑰斑點是身心的危險信號	中野進著	180元
⑱艾波拉病毒大震撼	玉川重德著	180元
⑲重新還我黑髮	桑名隆一郎著	180元
⑳身體節律與健康	林博史著	180元
㉑生薑治萬病	石原結實著	180元

•實用女性學講座•電腦編號 19

①解讀女性內心世界	島田一男著	150元
②塑造成熟的女性	島田一男著	150元
③女性整體裝扮學	黃靜香編著	180元
④女性應對禮儀	黃靜香編著	180元
⑤女性婚前必修	小野十傳著	200元
⑥徹底瞭解女人	田口二州著	180元
⑦拆穿女性謊言88招	島田一男著	200元
⑧解讀女人心	島田一男著	200元

•校園系列•電腦編號 20

①讀書集中術	多湖輝著	150元
②應考的訣竅	多湖輝著	150元
③輕鬆讀書贏得聯考	多湖輝著	150元
④讀書記憶秘訣	多湖輝著	150元
⑤視力恢復！超速讀術	江錦雲譯	180元
⑥讀書36計	黃柏松編著	180元
⑦驚人的速讀術	鐘文訓編著	170元
⑧學生課業輔導良方	多湖輝著	180元
⑨超速讀超記憶法	廖松濤編著	180元
⑩速算解題技巧	宋釗宜編著	200元
⑪看圖學英文	陳炳崑編著	200元

•實用心理學講座•電腦編號 21

①拆穿欺騙伎倆	多湖輝著	140元

②創造好構想	多湖輝著	140元
③面對面心理術	多湖輝著	160元
④偽裝心理術	多湖輝著	140元
⑤透視人性弱點	多湖輝著	140元
⑥自我表現術	多湖輝著	180元
⑦不可思議的人性心理	多湖輝著	150元
⑧催眠術入門	多湖輝著	150元
⑨責罵部屬的藝術	多湖輝著	150元
⑩精神力	多湖輝著	150元
⑪厚黑說服術	多湖輝著	150元
⑫集中力	多湖輝著	150元
⑬構想力	多湖輝著	150元
⑭深層心理術	多湖輝著	160元
⑮深層語言術	多湖輝著	160元
⑯深層說服術	多湖輝著	180元
⑰掌握潛在心理	多湖輝著	160元
⑱洞悉心理陷阱	多湖輝著	180元
⑲解讀金錢心理	多湖輝著	180元
⑳拆穿語言圈套	多湖輝著	180元
㉑語言的內心玄機	多湖輝著	180元

•超現實心理講座•電腦編號 22

①超意識覺醒法	詹蔚芬編譯	130元
②護摩秘法與人生	劉名揚編譯	130元
③秘法！超級仙術入門	陸　明譯	150元
④給地球人的訊息	柯素娥編著	150元
⑤密教的神通力	劉名揚編著	130元
⑥神秘奇妙的世界	平川陽一著	180元
⑦地球文明的超革命	吳秋嬌譯	200元
⑧力量石的秘密	吳秋嬌譯	180元
⑨超能力的靈異世界	馬小莉譯	200元
⑩逃離地球毀滅的命運	吳秋嬌譯	200元
⑪宇宙與地球終結之謎	南山宏著	200元
⑫驚世奇功揭秘	傅起鳳著	200元
⑬啟發身心潛力心象訓練法	栗田昌裕著	180元
⑭仙道術遁甲法	高藤聰一郎著	220元
⑮神通力的秘密	中岡俊哉著	180元
⑯仙人成仙術	高藤聰一郎著	200元
⑰仙道符咒氣功法	高藤聰一郎著	220元
⑱仙道風水術尋龍法	高藤聰一郎著	200元

⑲仙道奇蹟超幻像	高藤聰一郎著	200元
⑳仙道鍊金術房中法	高藤聰一郎著	200元
㉑奇蹟超醫療治癒難病	深野一幸著	220元
㉒揭開月球的神秘力量	超科學研究會	180元
㉓西藏密教奧義	高藤聰一郎著	250元

•養 生 保 健• 電腦編號23

①醫療養生氣功	黃孝寬著	250元
②中國氣功圖譜	余功保著	230元
③少林醫療氣功精粹	井玉蘭著	250元
④龍形實用氣功	吳大才等著	220元
⑤魚戲增視強身氣功	宮　嬰著	220元
⑥嚴新氣功	前新培金著	250元
⑦道家玄牝氣功	張　章著	200元
⑧仙家秘傳袪病功	李遠國著	160元
⑨少林十大健身功	秦慶豐著	180元
⑩中國自控氣功	張明武著	250元
⑪醫療防癌氣功	黃孝寬著	250元
⑫醫療強身氣功	黃孝寬著	250元
⑬醫療點穴氣功	黃孝寬著	250元
⑭中國八卦如意功	趙維漢著	180元
⑮正宗馬禮堂養氣功	馬禮堂著	420元
⑯秘傳道家筋經內丹功	王慶餘著	280元
⑰三元開慧功	辛桂林著	250元
⑱防癌治癌新氣功	郭　林著	180元
⑲禪定與佛家氣功修煉	劉天君著	200元
⑳顛倒之術	梅自強著	360元
㉑簡明氣功辭典	吳家駿編	360元
㉒八卦三合功	張全亮著	230元
㉓朱砂掌健身養生功	楊　永著	250元
㉔抗老功	陳九鶴著	230元

•社會人智囊• 電腦編號24

①糾紛談判術	清水增三著	160元
②創造關鍵術	淺野八郎著	150元
③觀人術	淺野八郎著	180元
④應急詭辯術	廖英迪編著	160元
⑤天才家學習術	木原武一著	160元
⑥猫型狗式鑑人術	淺野八郎著	180元

⑦逆轉運掌握術	淺野八郎著	180元
⑧人際圓融術	澀谷昌三著	160元
⑨解讀人心術	淺野八郎著	180元
⑩與上司水乳交融術	秋元隆司著	180元
⑪男女心態定律	小田晉著	180元
⑫幽默說話術	林振輝編著	200元
⑬人能信賴幾分	淺野八郎著	180元
⑭我一定能成功	李玉瓊譯	180元
⑮獻給青年的嘉言	陳蒼杰譯	180元
⑯知人、知面、知其心	林振輝編著	180元
⑰塑造堅強的個性	坂上肇著	180元
⑱爲自己而活	佐藤綾子著	180元
⑲未來十年與愉快生活有約	船井幸雄著	180元
⑳超級銷售話術	杜秀卿譯	180元
㉑感性培育術	黃靜香編著	180元
㉒公司新鮮人的禮儀規範	蔡媛惠譯	180元
㉓傑出職員鍛鍊術	佐佐木正著	180元
㉔面談獲勝戰略	李芳黛譯	180元
㉕金玉良言撼人心	森純大著	180元
㉖男女幽默趣典	劉華亭編著	180元
㉗機智說話術	劉華亭編著	180元
㉘心理諮商室	柯素娥譯	180元
㉙如何在公司頭角崢嶸	佐佐木正著	180元
㉚機智應對術	李玉瓊編著	200元
㉛克服低潮良方	坂野雄二著	180元
㉜智慧型說話技巧	沈永嘉編著	元
㉝記憶力、集中力增進術	廖松濤編著	180元

•精 選 系 列•電腦編號25

①毛澤東與鄧小平	渡邊利夫等著	280元
②中國大崩裂	江戶介雄著	180元
③台灣・亞洲奇蹟	上村幸治著	220元
④7-ELEVEN高盈收策略	國友隆一著	180元
⑤台灣獨立	森　詠著	200元
⑥迷失中國的末路	江戶雄介著	220元
⑦2000年5月全世界毀滅	紫藤甲子男著	180元
⑧失去鄧小平的中國	小島朋之著	220元
⑨世界史爭議性異人傳	桐生操著	200元
⑩淨化心靈享人生	松濤弘道著	220元
⑪人生心情診斷	賴藤和寬著	220元

⑫中美大決戰	檜山良昭著	220元

・運 動 遊 戲・電腦編號 26

①雙人運動	李玉瓊譯	160元
②愉快的跳繩運動	廖玉山譯	180元
③運動會項目精選	王佑京譯	150元
④肋木運動	廖玉山譯	150元
⑤測力運動	王佑宗譯	150元

・休 閒 娛 樂・電腦編號 27

①海水魚飼養法	田中智浩著	300元
②金魚飼養法	曾雪玫譯	250元
③熱門海水魚	毛利匡明著	480元
④愛犬的教養與訓練	池田好雄著	250元

・銀髮族智慧學・電腦編號 28

①銀髮六十樂逍遙	多湖輝著	170元
②人生六十反年輕	多湖輝著	170元
③六十歲的決斷	多湖輝著	170元

・飲 食 保 健・電腦編號 29

①自己製作健康茶	大海淳著	220元
②好吃、具藥效茶料理	德永睦子著	220元
③改善慢性病健康藥草茶	吳秋嬌譯	200元
④藥酒與健康果菜汁	成玉編著	250元

・家庭醫學保健・電腦編號 30

①女性醫學大全	雨森良彥著	380元
②初為人父育兒寶典	小瀧周曹著	220元
③性活力強健法	相建華著	220元
④30歲以上的懷孕與生產	李芳黛編著	220元
⑤舒適的女性更年期	野末悅子著	200元
⑥夫妻前戲的技巧	笠井寬司著	200元
⑦病理足穴按摩	金慧明著	220元
⑧爸爸的更年期	河野孝旺著	200元
⑨橡皮帶健康法	山田晶著	200元

⑩33天健美減肥	相建華等著	180元
⑪男性健美入門	孫玉祿編著	180元
⑫強化肝臟秘訣	主婦の友社編	200元
⑬了解藥物副作用	張果馨譯	200元
⑭女性醫學小百科	松山榮吉著	200元
⑮左轉健康秘訣	龜田修等著	200元
⑯實用天然藥物	鄭炳全編著	260元
⑰神秘無痛平衡療法	林宗駛著	180元
⑱膝蓋健康法	張果馨譯	180元

•心靈雅集• 電腦編號00

①禪言佛語看人生	松濤弘道著	180元
②禪密教的奧秘	葉逯謙譯	120元
③觀音大法力	田口日勝著	120元
④觀音法力的大功德	田口日勝著	120元
⑤達摩禪106智慧	劉華亭編譯	220元
⑥有趣的佛教研究	葉逯謙編譯	170元
⑦夢的開運法	蕭京凌譯	130元
⑧禪學智慧	柯素娥編譯	130元
⑨女性佛教入門	許俐萍譯	110元
⑩佛像小百科	心靈雅集編譯組	130元
⑪佛教小百科趣談	心靈雅集編譯組	120元
⑫佛教小百科漫談	心靈雅集編譯組	150元
⑬佛教知識小百科	心靈雅集編譯組	150元
⑭佛學名言智慧	松濤弘道著	220元
⑮釋迦名言智慧	松濤弘道著	220元
⑯活人禪	平田精耕著	120元
⑰坐禪入門	柯素娥編譯	150元
⑱現代禪悟	柯素娥編譯	130元
⑲道元禪師語錄	心靈雅集編譯組	130元
⑳佛學經典指南	心靈雅集編譯組	130元
㉑何謂「生」　阿含經	心靈雅集編譯組	150元
㉒一切皆空　般若心經	心靈雅集編譯組	150元
㉓超越迷惘　法句經	心靈雅集編譯組	130元
㉔開拓宇宙觀　華嚴經	心靈雅集編譯組	180元
㉕真實之道　法華經	心靈雅集編譯組	130元
㉖自由自在　涅槃經	心靈雅集編譯組	130元
㉗沈默的教示　維摩經	心靈雅集編譯組	150元
㉘開通心眼　佛語佛戒	心靈雅集編譯組	130元
㉙揭秘寶庫　密教經典	心靈雅集編譯組	180元

㉚坐禪與養生	廖松濤譯	110元
㉛釋尊十戒	柯素娥編譯	120元
㉜佛法與神通	劉欣如編著	120元
㉝悟（正法眼藏的世界）	柯素娥編譯	120元
㉞只管打坐	劉欣如編著	120元
㉟喬答摩・佛陀傳	劉欣如編著	120元
㊱唐玄奘留學記	劉欣如編著	120元
㊲佛教的人生觀	劉欣如編譯	110元
㊳無門關（上卷）	心靈雅集編譯組	150元
㊴無門關（下卷）	心靈雅集編譯組	150元
㊵業的思想	劉欣如編著	130元
㊶佛法難學嗎	劉欣如著	140元
㊷佛法實用嗎	劉欣如著	140元
㊸佛法殊勝嗎	劉欣如著	140元
㊹因果報應法則	李常傳編	180元
㊺佛教醫學的奧秘	劉欣如編著	150元
㊻紅塵絕唱	海　若著	130元
㊼佛教生活風情	洪丕謨、姜玉珍著	220元
㊽行住坐臥有佛法	劉欣如著	160元
㊾起心動念是佛法	劉欣如著	160元
㊿四字禪語	曹洞宗青年會	200元
(51)妙法蓮華經	劉欣如編著	160元
(52)根本佛教與大乘佛教	葉作森編	180元
(53)大乘佛經	定方晟著	180元
(54)須彌山與極樂世界	定方晟著	180元
(55)阿闍世的悟道	定方晟著	180元
(56)金剛經的生活智慧	劉欣如著	180元

•經　營　管　理• 電腦編號 01

◎創新經營管理六十六大計（精）	蔡弘文編	780元
①如何獲取生意情報	蘇燕謀譯	110元
②經濟常識問答	蘇燕謀譯	130元
④台灣商戰風雲錄	陳中雄著	120元
⑤推銷大王秘錄	原一平著	180元
⑥新創意・賺大錢	王家成譯	90元
⑦工廠管理新手法	琪　輝著	120元
⑨經營參謀	柯順隆譯	120元
⑩美國實業24小時	柯順隆譯	80元
⑪撼動人心的推銷法	原一平著	150元
⑫高竿經營法	蔡弘文編	120元

⑬如何掌握顧客	柯順隆譯	150元
⑭一等一賺錢策略	蔡弘文編	120元
⑯成功經營妙方	鐘文訓著	120元
⑰一流的管理	蔡弘文編	150元
⑱外國人看中韓經濟	劉華亭譯	150元
⑳突破商場人際學	林振輝編著	90元
㉑無中生有術	琪輝編著	140元
㉒如何使女人打開錢包	林振輝編著	100元
㉓操縱上司術	邑井操著	90元
㉔小公司經營策略	王嘉誠著	160元
㉕成功的會議技巧	鐘文訓編譯	100元
㉖新時代老闆學	黃柏松編著	100元
㉗如何創造商場智囊團	林振輝編譯	150元
㉘十分鐘推銷術	林振輝編譯	180元
㉙五分鐘育才	黃柏松編譯	100元
㉚成功商場戰術	陸明編譯	100元
㉛商場談話技巧	劉華亭編譯	120元
㉜企業帝王學	鐘文訓譯	90元
㉝自我經濟學	廖松濤編譯	100元
㉞一流的經營	陶田生編著	120元
㉟女性職員管理術	王昭國編譯	120元
㊱ＩＢＭ的人事管理	鐘文訓編譯	150元
㊲現代電腦常識	王昭國編譯	150元
㊳電腦管理的危機	鐘文訓編譯	120元
㊴如何發揮廣告效果	王昭國編譯	150元
㊵最新管理技巧	王昭國編譯	150元
㊶一流推銷術	廖松濤編譯	150元
㊷包裝與促銷技巧	王昭國編譯	130元
㊸企業王國指揮塔	松下幸之助著	120元
㊹企業精銳兵團	松下幸之助著	120元
㊺企業人事管理	松下幸之助著	100元
㊻華僑經商致富術	廖松濤編譯	130元
㊼豐田式銷售技巧	廖松濤編譯	180元
㊽如何掌握銷售技巧	王昭國編著	130元
㊿洞燭機先的經營	鐘文訓編譯	150元
52新世紀的服務業	鐘文訓編譯	100元
53成功的領導者	廖松濤編譯	120元
54女推銷員成功術	李玉瓊編譯	130元
55ＩＢＭ人才培育術	鐘文訓編譯	100元
56企業人自我突破法	黃琪輝編著	150元
58財富開發術	蔡弘文編著	130元

(59)成功的店舖設計	鐘文訓編著	150元
(61)企管回春法	蔡弘文編著	130元
(62)小企業經營指南	鐘文訓編譯	100元
(63)商場致勝名言	鐘文訓編譯	150元
(64)迎接商業新時代	廖松濤編譯	100元
(66)新手股票投資入門	何朝乾 編	200元
(67)上揚股與下跌股	何朝乾編譯	180元
(68)股票速成學	何朝乾編譯	200元
(69)理財與股票投資策略	黃俊豪編著	180元
(70)黃金投資策略	黃俊豪編著	180元
(71)厚黑管理學	廖松濤編譯	180元
(72)股市致勝格言	呂梅莎編譯	180元
(73)透視西武集團	林谷燁編譯	150元
(76)巡迴行銷術	陳蒼杰譯	150元
(77)推銷的魔術	王嘉誠譯	120元
(78)60秒指導部屬	周蓮芬編譯	150元
(79)精銳女推銷員特訓	李玉瓊編譯	130元
(80)企劃、提案、報告圖表的技巧	鄭 汶 譯	180元
(81)海外不動產投資	許達守編譯	150元
(82)八百件的世界策略	李玉瓊譯	150元
(83)服務業品質管理	吳宜芬譯	180元
(84)零庫存銷售	黃東謙編譯	150元
(85)三分鐘推銷管理	劉名揚編譯	150元
(86)推銷大王奮鬥史	原一平著	150元
(87)豐田汽車的生產管理	林谷燁編譯	150元

・成 功 寶 庫・電腦編號 02

①上班族交際術	江森滋著	100元
②拍馬屁訣竅	廖玉山編譯	110元
④聽話的藝術	歐陽輝編譯	110元
⑨求職轉業成功術	陳 義編著	110元
⑩上班族禮儀	廖玉山編著	120元
⑪接近心理學	李玉瓊編著	100元
⑫創造自信的新人生	廖松濤編著	120元
⑭上班族如何出人頭地	廖松濤編著	100元
⑮神奇瞬間瞑想法	廖松濤編譯	100元
⑯人生成功之鑰	楊意苓編著	150元
⑲給企業人的諍言	鐘文訓編著	120元
⑳企業家自律訓練法	陳 義編譯	100元
㉑上班族妖怪學	廖松濤編著	100元

㉒猶太人縱橫世界的奇蹟	孟佑政編著	110元
㉓訪問推銷術	黃静香編著	130元
㉕你是上班族中強者	嚴思圖編著	100元
㉖向失敗挑戰	黃静香編著	100元
㉚成功頓悟100則	蕭京凌編譯	130元
㉛掌握好運100則	蕭京凌編譯	110元
㉜知性幽默	李玉瓊編譯	130元
㉝熟記對方絕招	黃静香編譯	100元
㉞男性成功秘訣	陳蒼杰編譯	130元
㊱業務員成功秘方	李玉瓊編著	120元
㊲察言觀色的技巧	劉華亭編著	180元
㊳一流領導力	施義彥編譯	120元
㊴一流說服力	李玉瓊編著	130元
㊵30秒鐘推銷術	廖松濤編譯	150元
㊶猶太成功商法	周蓮芬編譯	120元
㊷尖端時代行銷策略	陳蒼杰編著	100元
㊸顧客管理學	廖松濤編著	100元
㊹如何使對方說Yes	程　羲編著	150元
㊺如何提高工作效率	劉華亭編著	150元
㊼上班族口才學	楊鴻儒譯	120元
㊽上班族新鮮人須知	程　羲編著	120元
㊾如何左右逢源	程　羲編著	130元
㊿語言的心理戰	多湖輝著	130元
51扣人心弦演說術	劉名揚編著	120元
55性惡企業管理學	陳蒼杰譯	130元
56自我啟發200招	楊鴻儒編著	150元
57做個傑出女職員	劉名揚編著	130元
58靈活的集團營運術	楊鴻儒編著	120元
60個案研究活用法	楊鴻儒編著	130元
61企業教育訓練遊戲	楊鴻儒編著	120元
62管理者的智慧	程　義編譯	130元
63做個佼佼管理者	馬筱莉編譯	130元
66活用佛學於經營	松濤弘道著	150元
67活用禪學於企業	柯素娥編譯	130元
68詭辯的智慧	沈永嘉編譯	150元
69幽默詭辯術	廖玉山編譯	150元
70拿破崙智慧箴言	柯素娥編譯	130元
71自我培育・超越	蕭京凌編譯	150元
74時間即一切	沈永嘉編譯	130元
75自我脫胎換骨	柯素娥譯	150元
76贏在起跑點—人才培育鐵則	楊鴻儒編譯	150元

⑺做一枚活棋	李玉瓊編譯	130元
⑻面試成功戰略	柯素娥編譯	130元
⑼自我介紹與社交禮儀	柯素娥編譯	150元
⑽說NO的技巧	廖玉山編譯	130元
⑾瞬間攻破心防法	廖玉山編譯	120元
⑿改變一生的名言	李玉瓊編譯	130元
⒀性格性向創前程	楊鴻儒編譯	130元
⒁訪問行銷新竅門	廖玉山編譯	150元
⒂無所不達的推銷話術	李玉瓊編譯	150元

•處世智慧• 電腦編號03

①如何改變你自己	陸明編譯	120元
⑥靈感成功術	譚繼山編譯	80元
⑧扭轉一生的五分鐘	黃柏松編譯	100元
⑩現代人的詭計	林振輝譯	100元
⑫如何利用你的時間	蘇遠謀譯	80元
⑬口才必勝術	黃柏松編譯	120元
⑭女性的智慧	譚繼山編譯	90元
⑮如何突破孤獨	張文志編譯	80元
⑯人生的體驗	陸明編譯	80元
⑰微笑社交術	張芳明譯	90元
⑱幽默吹牛術	金子登著	90元
⑲攻心說服術	多湖輝著	100元
⑳當機立斷	陸明編譯	70元
㉑勝利者的戰略	宋恩臨編譯	80元
㉒如何交朋友	安紀芳編著	70元
㉓鬥智奇謀（諸葛孔明兵法）	陳炳崑著	70元
㉔慧心良言	亦　奇著	80元
㉕名家慧語	蔡逸鴻主編	90元
㉗稱霸者啟示金言	黃柏松編譯	90元
㉘如何發揮你的潛能	陸明編譯	90元
㉙女人身態語言學	李常傳譯	130元
㉚摸透女人心	張文志譯	90元
㉛現代戀愛秘訣	王家成譯	70元
㉜給女人的悄悄話	妮倩編譯	90元
㉞如何開拓快樂人生	陸明編譯	90元
㉟驚人時間活用法	鐘文訓譯	80元
㊱成功的捷徑	鐘文訓譯	70元
㊲幽默逗笑術	林振輝著	120元
㊳活用血型讀書法	陳炳崑譯	80元

㊴心　燈	葉于模著	100元
㊵當心受騙	林顯茂譯	90元
㊶心・體・命運	蘇燕謀譯	70元
㊷如何使頭腦更敏銳	陸明編譯	70元
㊸宮本武藏五輪書金言錄	宮本武藏著	100元
㊺勇者的智慧	黃柏松編譯	80元
㊼成熟的愛	林振輝譯	120元
㊽現代女性駕馭術	蔡德華著	90元
㊾禁忌遊戲	酒井潔著	90元
52摸透男人心	劉華亭編譯	80元
53如何達成願望	謝世輝著	90元
54創造奇蹟的「想念法」	謝世輝著	90元
55創造成功奇蹟	謝世輝著	90元
57幻想與成功	廖松濤譯	80元
58反派角色的啟示	廖松濤編譯	70元
59現代女性須知	劉華亭編著	75元
62如何突破內向	姜倩怡編譯	110元
64讀心術入門	王家成編譯	100元
65如何解除內心壓力	林美羽編著	110元
66取信於人的技巧	多湖輝著	110元
67如何培養堅強的自我	林美羽編著	90元
68自我能力的開拓	卓一凡編著	110元
70縱橫交涉術	嚴思圖編著	90元
71如何培養妳的魅力	劉文珊編著	90元
72魅力的力量	姜倩怡編著	90元
75個性膽怯者的成功術	廖松濤編譯	100元
76人性的光輝	文可式編著	90元
79培養靈敏頭腦秘訣	廖玉山編著	90元
80夜晚心理術	鄭秀美編譯	80元
81如何做個成熟的女性	李玉瓊編著	80元
82現代女性成功術	劉文珊編著	90元
83成功說話技巧	梁惠珠編譯	100元
84人生的真諦	鐘文訓編譯	100元
85妳是人見人愛的女孩	廖松濤編著	120元
87指尖・頭腦體操	蕭京凌編譯	90元
88電話應對禮儀	蕭京凌編著	120元
89自我表現的威力	廖松濤編譯	100元
90名人名語啟示錄	喬家楓編著	100元
91男與女的哲思	程鐘梅編譯	110元
92靈思慧語	牧　風著	110元
93心靈夜語	牧　風著	100元

㊺激盪腦力訓練	廖松濤編譯	100元
㊻三分鐘頭腦活性法	廖玉山編譯	110元
㊼星期一的智慧	廖玉山編譯	100元
㊽溝通說服術	賴文琇編譯	100元

・健康與美容・電腦編號 04

③媚酒傳（中國王朝秘酒）	陸明主編	120元
⑤中國回春健康術	蔡一藩著	100元
⑥奇蹟的斷食療法	蘇燕謀譯	130元
⑧健美食物法	陳炳崑譯	120元
⑨驚異的漢方療法	唐龍編著	90元
⑩不老強精食	唐龍編著	100元
⑫五分鐘跳繩健身法	蘇明達譯	100元
⑬睡眠健康法	王家成譯	80元
⑭你就是名醫	張芳明譯	90元
⑮如何保護你的眼睛	蘇燕謀譯	70元
⑲釋迦長壽健康法	譚繼山譯	90元
⑳腳部按摩健康法	譚繼山譯	120元
㉑自律健康法	蘇明達譯	90元
㉓身心保健座右銘	張仁福著	160元
㉔腦中風家庭看護與運動治療	林振輝譯	100元
㉕秘傳醫學人相術	成玉主編	120元
㉖導引術入門(1)治療慢性病	成玉主編	110元
㉗導引術入門(2)健康・美容	成玉主編	110元
㉘導引術入門(3)身心健康法	成玉主編	110元
㉙妙用靈藥・蘆薈	李常傳譯	150元
㉚萬病回春百科	吳通華著	150元
㉛初次懷孕的10個月	成玉編譯	130元
㉜中國秘傳氣功治百病	陳炳崑編譯	130元
㉟仙人長生不老學	陸明編譯	100元
㊱釋迦秘傳米粒刺激法	鐘文訓譯	120元
㊲痔・治療與預防	陸明編譯	130元
㊳自我防身絕技	陳炳崑編譯	120元
㊴運動不足時疲勞消除法	廖松濤譯	110元
㊵三溫暖健康法	鐘文訓編譯	90元
㊸維他命與健康	鐘文訓譯	150元
㊺森林浴—綠的健康法	劉華亭編譯	80元
㊼導引術入門(4)酒浴健康法	成玉主編	90元
㊽導引術入門(5)不老回春法	成玉主編	90元
㊾山白竹（劍竹）健康法	鐘文訓譯	90元

㊿解救你的心臟	鐘文訓編譯	100元
㊶牙齒保健法	廖玉山譯	90元
㊷超人氣功法	陸明編譯	110元
㊹借力的奇蹟(1)	力拔山著	100元
㊺借力的奇蹟(2)	力拔山著	100元
㊻五分鐘小睡健康法	呂添發撰	120元
㊼禿髮、白髮預防與治療	陳炳崑撰	120元
㊾艾草健康法	張汝明編譯	90元
60一分鐘健康診斷	蕭京凌編譯	90元
61念術入門	黃靜香編譯	90元
62念術健康法	黃靜香編譯	90元
63健身回春法	梁惠珠編譯	100元
64姿勢養生法	黃秀娟編譯	90元
65仙人瞑想法	鐘文訓譯	120元
66人蔘的神效	林慶旺譯	100元
67奇穴治百病	吳通華著	120元
68中國傳統健康法	靳海東著	100元
71酵素健康法	楊　皓編譯	120元
73腰痛預防與治療	五味雅吉著	130元
74如何預防心臟病・腦中風	譚定長等著	100元
75少女的生理秘密	蕭京凌譯	120元
76頭部按摩與針灸	楊鴻儒譯	100元
77雙極療術入門	林聖道著	100元
78氣功自療法	梁景蓮著	120元
79大蒜健康法	李玉瓊編譯	100元
81健胸美容秘訣	黃靜香譯	120元
82鍺奇蹟療效	林宏儒譯	120元
83三分鐘健身運動	廖玉山譯	120元
84尿療法的奇蹟	廖玉山譯	120元
85神奇的聚積療法	廖玉山譯	120元
86預防運動傷害伸展體操	楊鴻儒編譯	120元
88五日就能改變你	柯素娥譯	110元
89三分鐘氣功健康法	陳美華譯	120元
91道家氣功術	早島正雄著	130元
92氣功減肥術	早島正雄著	120元
93超能力氣功法	柯素娥譯	130元
94氣的瞑想法	早島正雄著	120元

・家庭／生活・電腦編號05

①單身女郎生活經驗談	廖玉山編著	100元

②血型・人際關係	黃靜編著	120元
③血型・妻子	黃靜編著	110元
④血型・丈夫	廖玉山編譯	130元
⑤血型・升學考試	沈永嘉編譯	120元
⑥血型・臉型・愛情	鐘文訓編譯	120元
⑦現代社交須知	廖松濤編譯	100元
⑧簡易家庭按摩	鐘文訓編譯	150元
⑨圖解家庭看護	廖玉山編譯	120元
⑩生男育女隨心所欲	岡正基編著	160元
⑪家庭急救治療法	鐘文訓編著	100元
⑫新孕婦體操	林曉鐘譯	120元
⑬從食物改變個性	廖玉山編譯	100元
⑭藥草的自然療法	東城百合子著	200元
⑮糙米菜食與健康料理	東城百合子著	180元
⑯現代人的婚姻危機	黃　靜編著	90元
⑰親子遊戲　0歲	林慶旺編譯	100元
⑱親子遊戲　1～2歲	林慶旺編譯	110元
⑲親子遊戲　3歲	林慶旺編譯	100元
⑳女性醫學新知	林曉鐘編譯	130元
㉑媽媽與嬰兒	張汝明編譯	180元
㉒生活智慧百科	黃　靜編譯	100元
㉓手相・健康・你	林曉鐘編譯	120元
㉔菜食與健康	張汝明編譯	110元
㉕家庭素食料理	陳東達著	140元
㉖性能力活用秘法	米開・尼里著	150元
㉗兩性之間	林慶旺編譯	120元
㉘性感經穴健康法	蕭京凌編譯	150元
㉙幼兒推拿健康法	蕭京凌編譯	100元
㉚談中國料理	丁秀山編著	100元
㉛舌技入門	增田豐　著	160元
㉜預防癌症的飲食法	黃靜香編譯	150元
㉝性與健康寶典	黃靜香編譯	180元
㉞正確避孕法	蕭京凌編譯	180元
㉟吃的更漂亮美容食譜	楊萬里著	120元
㊱圖解交際舞速成	鐘文訓編譯	150元
㊲觀相導引術	沈永嘉譯	130元
㊳初為人母12個月	陳義譯	180元
㊴圖解麻將入門	顧安行編譯	160元
㊵麻將必勝秘訣	石利夫編譯	160元
㊶女性一生與漢方	蕭京凌編譯	100元
㊷家電的使用與修護	鐘文訓編譯	160元

㊸錯誤的家庭醫療法	鐘文訓編譯	100元
㊹簡易防身術	陳慧珍編譯	150元
㊺茶健康法	鐘文訓編譯	130元
㊻雞尾酒大全	劉雪卿譯	180元
㊼生活的藝術	沈永嘉編著	120元
㊽雜草雜果健康法	沈永嘉編著	120元
㊾如何選擇理想妻子	荒谷慈著	110元
㊿如何選擇理想丈夫	荒谷慈著	110元
(51)中國食與性的智慧	根本光人著	150元
(52)開運法話	陳宏男譯	100元
(53)禪語經典＜上＞	平田精耕著	150元
(54)禪語經典＜下＞	平田精耕著	150元
(55)手掌按摩健康法	鐘文訓譯	180元
(56)脚底按摩健康法	鐘文訓譯	150元
(57)仙道運氣健身法	李玉瓊譯	150元
(58)健心、健體呼吸法	蕭京凌譯	120元
(59)自彊術入門	蕭京凌譯	120元
(60)指技入門	增田豐著	160元
(61)下半身鍛鍊法	增田豐著	180元
(62)表象式學舞法	黃靜香編譯	180元
(63)圖解家庭瑜伽	鐘文訓譯	130元
(64)食物治療寶典	黃靜香編譯	130元
(65)智障兒保育入門	楊鴻儒譯	130元
(66)自閉兒童指導入門	楊鴻儒譯	180元
(67)乳癌發現與治療	黃靜香譯	130元
(68)盆栽培養與欣賞	廖啟新編譯	180元
(69)世界手語入門	蕭京凌編譯	180元
(70)賽馬必勝法	李錦雀編譯	200元
(71)中藥健康粥	蕭京凌編譯	120元
(72)健康食品指南	劉文珊編譯	130元
(73)健康長壽飲食法	鐘文訓編譯	150元
(74)夜生活規則	增田豐著	160元
(75)自製家庭食品	鐘文訓編譯	200元
(76)仙道帝王招財術	廖玉山譯	130元
(77)「氣」的蓄財術	劉名揚譯	130元
(78)佛教健康法入門	劉名揚譯	130元
(79)男女健康醫學	郭汝蘭譯	150元
(80)成功的果樹培育法	張煌編譯	130元
(81)實用家庭菜園	孔翔儀編譯	130元
(82)氣與中國飲食法	柯素娥編譯	130元
(83)世界生活趣譚	林其英著	160元

國家圖書館出版品預行編目資料

艾波拉病毒大震撼／玉川重德，劉小惠譯
──初版──臺北市，大展，民86
面；　公分──（健康天地；78）
譯自：エボラ・ショック──ウイルスは警告する
ISBN 957-557-747-7（平裝）

1.病毒

369.74　　86009550

版權仲介：京王文化事業有限公司

艾波拉病毒大震撼

ISBN 957-557-747-7

原 著 者／玉 川 重 德
編 譯 者／劉　小　惠
發 行 人／蔡　森　明
出 版 者／大展出版社有限公司
社　　址／台北市北投區（石牌）致遠一路二段12巷1號
電　　話／(02) 8236031・8236033
傳　　眞／(02) 8272069
郵政劃撥／0166955－1
登 記 證／局版臺業字第2171號
承 印 者／高星企業有限公司
裝　　訂／日新裝訂所
排 版 者／千兵企業有限公司
電　　話／(02) 8812643
初版1刷／1997年（民86年）8月

定　　價／180元

大展好書 好書大展

大展好書 好書大展